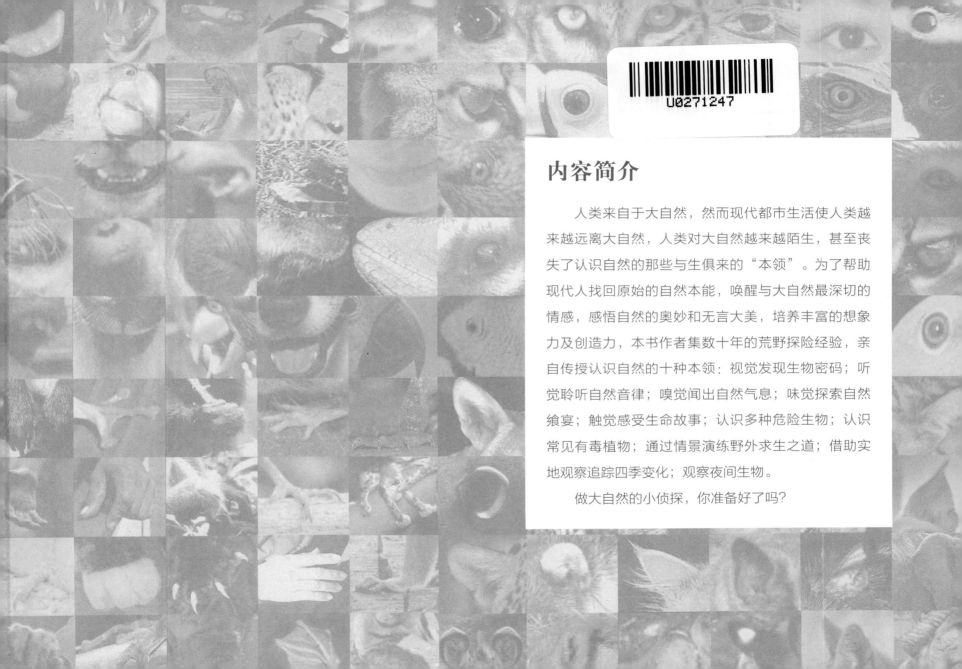

内容简介

    人类来自于大自然，然而现代都市生活使人类越来越远离大自然，人类对大自然越来越陌生，甚至丧失了认识自然的那些与生俱来的"本领"。为了帮助现代人找回原始的自然本能，唤醒与大自然最深切的情感，感悟自然的奥妙和无言大美，培养丰富的想象力及创造力，本书作者集数十年的荒野探险经验，亲自传授认识自然的十种本领：视觉发现生物密码；听觉聆听自然音律；嗅觉闻出自然气息；味觉探索自然飨宴；触觉感受生命故事；认识多种危险生物；认识常见有毒植物；通过情景演练野外求生之道；借助实地观察追踪四季变化；观察夜间生物。

    做大自然的小侦探，你准备好了吗？

徐仁修荒野游踪·寻找大自然的秘密

大自然小侦探

THE YOUNG DETECTIVE OF NATURE

徐仁修／撰文·摄影

北京大学出版社
PEKING UNIVERSITY PRESS

大自然
THE YOUNG DETECTIVE OF NATURE
小侦探

Contents

唤醒与大自然最深切的情感

人类大约有十几万年的时光生活在大自然里。因此在我们身体里的亿万个细胞，留存着这份远古时期于自然中所领受的许多记忆。一份来自于自然荒野的乡愁，深深流淌在我们的血液及细胞之中，当我们置身于大自然之时，总会有一种无以名状的特殊情感。也就是因为这一份自然的乡愁，身处于科技文明的我们，即使远离自然进入都市生活，却仍然无法忘情于大自然。

在都市水泥丛林中出生的小孩子，从小便过着眼不见青山、鼻不嗅草香、脚不沾泥土的生活，以致他们的灵性、想象力、生命力，得不到大自然的滋养，而变得缺乏欣赏力、想象力与创造力。翻开唐诗，我们就会发现，百分之九十的诗都与大自然有关，再看看中国历史上流传的许多名画，也大多源自于大自然，因此身为父母的不应只喂养孩子的身体，更要喂养孩子的精神、心灵。那么让孩子多多进入自然、亲近自然、欣赏自然，便是最经济又有效的一种选择。

大自然是如此的神秘又奥妙，如果不具备一些能力，是很难深入大自然并从中学习及体验的。本书就是为孩子、为那些远离自然的都市人所写的书，希望引领大家运用天赋的感官来探知大自然所发出的信息，进而学习、认识、了解与欣赏大自然，从而培养丰富的想象力及创造力。常接触大自然的孩子，在身心灵方面都比较平衡，人也就健康快乐，生命力当然更为强韧。

走入大自然人，要学着放缓脚步，以悠闲的心情度过与大自然相处的时光。如此，我们才会有机会感受大自然深沉的优美与灵性。那时，一泓清泉、一声鸟鸣、一丝幽香，都能滋润生命的品质，予以生命的能量。

期望本书能够让各位与大自然做朋友，领受生命的可贵与奥妙之处。

徐仁修

找回原始的自然本能

远古时代的人类，曾经有一段十分漫长的岁月，过着游猎的生活，因此练就了一身的好本领。他们知道哪里找得到可以食用的植物，以及植物的哪个部位可以吃，在什么季节适合采集；他们熟悉各种动物的生活习性，并且掌握它们出没的地点。他们如同是自然的侦探一般，探知自然生物的奥妙，并在自然中获得生活所需。即使是在21世纪的今天，仍然还有这样的人类在地球上过着游猎的生活，如生活在非洲丛林里的矮黑人、喀拉哈利沙漠莽原中的布希族、南美亚马逊河流域密林中的许多印第安族、亚洲菲律宾群岛季风林里的莽远族和巴达族、婆罗洲热带雨林里的本南族、巴布亚丛林的树栖人等。

其实身处于现代文明的我们，这些游猎的本能，仍然流淌在我们的血液之中，留存在我们的身上，只是我们太久不用而生疏，甚至遗忘了，以至于许多人到了大自然里，突然会觉得陌生而不知所措，根本无法接受与享受大自然所传递来的各种信息。甚至在学科分类甚密的今天，自然里的一切似乎变成专家、学术界私人领域的后花园，让都市人进到大自然中，如同呆子一般，好像在大自然里唯一可做的事，就只剩烤肉、泡汤！

很少有人察觉大自然中的一切事与物，随时都在发出信息，诉说着它们的状况，也就是说，每一样东西都用它自己的方法，说它自己的故事。重要的是，我们怎么接收这些信息并加以分析，以知悉这些信息的意义进而了解大自然，甚至还可以借此与大自然对话、互动。这不是什么了不起的神通，只要充分运用我们的各种感觉器官以及一颗欣赏、珍惜与感激的平等心，便能够接收到这来自于自然的生命密码。

那么，大自然是怎么发出信息的呢？它们不会说话，没有手语，不会用手机、短信、E-mail，它们又是怎么传递信息呢？其实每种生物都有它们独特的形体，这是它们最简单的自我介绍。例如：老虎与蛇的外表形态完全不一样，老虎有着四只脚，全身长满了绒毛；而蛇则是长着鳞片，在地上爬行。樟树

菲律宾民多罗岛丛林里的莽远人依然过着游猎的生活，一切所需均取自丛林，每一地点都不会栖息太久。迁徙时，家当都背在身上或抱在怀里，最前面的妇人抱着他们最珍贵的家产——母鸡和一只小猪。

与百合也不一样，樟树具有坚硬直立的枝干，长得高大又英挺；而百合柔软的茎条，只能支撑小小的身躯，显得瘦小而柔弱。

另外许多生物会随着季节或环境变化身体的色彩，例如：北极狐在夏天的体毛是黑或褐色的，到了冬天就变成纯白色的。变色龙则是随着环境变换着体色，或绿、或褐、或浅绿、或深绿，巧妙地将自己融入自然的环境之中，而不被敌人发现。植物的叶子也会随着季节的转移而变色，或黄、或橙、或橙红、或红、或深红，宣告着季节的转变。

大自然随时都在传递着信息，只要我们稍加留意，便能发现这些有趣的自然密码，并解读其中所代表的意义，而了解自然密码的方法，就是自然观察。

菲律宾热带季风林里的巴达人，以挖掘野外的薯蓣球茎为主食，这种当地人称为纳米的野薯蓣含有毒素，必须切成薄片泡在水里，以溶出毒素。旱季里溪流干涸，他们用剥下的大片树皮制成泡池，再注入山泉来泡。他们也用棕榈叶编织成箩筐或篮子……一切都利用大自然。（右图）

侦探速成教室

Lesson 1
察颜观色

Lesson 1
察颜观色 ——视觉

视觉是最常被我们使用的感觉器官，不过，我们对于自然所传出来的信息，却常是视而不见。因此，学会"看"，也是一项重要的学习。

首先，我们仔细地观看物体的形态，例如，一棵树、一丛竹子、一头牛、一匹马、一座山、一条溪、一片云等。借由这些观察，我们可以粗略地知道自然环境中有哪些事物存在，同时也告诉自己此时所处的位置与环境，例如，是在河边，还是在山头上？是在森林中，还是在草原里？以及是在怎样的天气状态下，是什么季节？

进而再仔细瞧，又可以从它的形态中获悉更多的资讯，例如一只站在树顶上的鸟，也许我们不知道它是什么鸟，但可以从外形上确定它是鸟。如果对于鸟有一些概念，我们可以从它的大小、体型，甚至喙的形状，可以知道它大概是哪一类鸟，是鹰，还是白鹭鸶？

山丘棱线上有一只四条腿动物的剪影，我们望一眼大概可以知道它是什么动物，我

们很容易从外形上分辨出来，主要是因为我们的脑中存有这些动物外貌形态的资料，可以据此来做判断。所以，平常我们对于各种生物及自然物的形态多加观察，变成储存在大脑中的资料，这样，当我们看见一个物体形态时，就能借此粗略辨别了。

其次，我们再来察觉大自然的色彩变换。

颜色是眼睛最容易捕捉的对象。大自然常通过颜色传达出各种信息，例如，树木常用果皮的颜色来表达出它的信息。当种子成熟到已具有发芽的能力时，果皮就开始出现容易被看见的颜色，由绿转红的、黄的，或紫的……这是果实所传达出的"我已成熟！欢迎来吃我"的信息。所以，许多家庭主妇到菜市场买水果时，就常常依据颜色、形态来挑选，她们会挑橙红的柿子、艳红的草莓、金黄的香蕉……

所以，当森林中有果实或种子成熟时，我们可以依靠肉眼就能发现，甚至可以待在附近守株待兔，观察到各种鸟儿前来进食，

春天的公园里，放眼望去一片花团锦簇，从中，你
接收到了这些植物所传达的什么信息呢？

这是什么动物？虽然只是剪影，但有经验的人会立刻告诉你，这是一对猿猴母子。能够判断出来，是因为这个人的脑子里存有猴子的档案资料。

有时连松鼠、猴子都会一同现身前来大快朵颐一顿！

　　植物在开花时会展现她那亮丽多彩的花瓣，告诉各种喜爱吸食花蜜的动物赶快前来，此地正供应甜甜的花蜜。而动物前来吸蜜时，也正好替花朵做了媒人，这也是植物为什么要用花朵来争奇斗艳的原因。甚至像玉叶金花这类植物，因为花小而不易用色彩吸引昆虫的注意，竟然会改变离花朵最近的叶片的颜色，让叶子具有出众的色彩，以替代花瓣的效果，招蜂引蝶。其他还有像华八仙、圣诞红、猩猩草、三白草等植物，也都是运用这样的方法吸引媒人。

　　我们依据颜色及形态可以收集到很多大自然发出的信息，借此而侦知很多自然事物，例如通过颜色可以略知水的深浅，水来自何处，是怎样的水质；从云朵的大小及颜色探知天气的变化；从动物所留下的足迹形状及深浅，去侦知动物的种类及大小。当然，动物的排遗，也就是粪便，也同样清楚地透露着那个动物的信息，例如它的形状以及颜色告诉我们：它是食草的、或吃果实

的、或是肉食的。如果我们摊开粪便，检查没有被消化的种子、毛发、羽毛，甚至可以知道它吃了哪种植物或动物，再看它表面干湿的情形，也可以知道它是多久以前留下的。

　　许多优秀的原住民猎人，甚至可以从动物的足迹，分辨出雌雄，以及留下足迹的时间。我们单靠眼睛就能观察并接收到这么多来自大自然的信息，是不是很神奇？但先决条件是你要在脑中储存很多资讯，也就是建立自己的档案。我们将从眼睛接收到的大自然的信息送到脑海中去分析，并参照档案，就能推测出这些信息所代表的意义！

1. 脑子里存有斑鹿影像的人，才能判知这是什么动物！

2. 从身形、长嘴、尾巴，可以看出这是一头野猪。

3. 树叶间一只昆虫的剪影，从体型看来应该是螽斯这类虫子。

眼花缭乱——花朵的观察

花朵就好像植物的名片，它们用不同的形状、大小、颜色及其他小装饰，来向所有视觉发达的动物做自我介绍。如果我们仔细观察，每一种植物的花朵不仅花瓣的颜色、形状、大小、厚薄、数目以及组装出来的外形结构都各有差异，它们的雄蕊数量、长短、位置也都不同，所以长久以来，植物学者就是用花作为植物分类的主要依据。

植物的种类太多了，如我国台湾地区的维管束植物就有四千种左右，我们要一一分辨是不可能的，即使植物学家也无能为力，所以我们从最简单、最常见、最特别、最令你喜爱的植物着手，然后由这些植物逐渐认识与它们相关或近似的植物。我们也可以从校园、住家附近，或邻近的小公园作为起点，如此努力下去，不久就能进入观察、欣赏植物的大门了。

1. 生长在澳洲半沙漠地区的"沙漠大眼睛"，属于豆科植物。它特殊的花形让园艺界大为赞赏。2. 金花石蒜生长在台湾北、东北海岸的山崖上，花形优美，颜色讨人喜爱。3. 火炬花是南非的国花，花朵硕大，造型佳，色泽出众。能成为国花自有它的特色。4. 九头狮子草是阳明山森林里的小花，造型模样极为特殊。

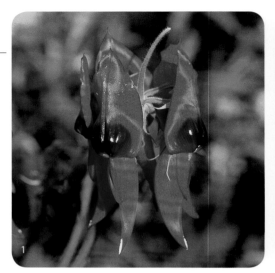

1. 疏花繁缕的花瓣向外尖突，而缺刻却朝内陷，展现出石竹科花朵的特殊造型。

2. 牵牛花丰圆的合瓣花，诉说着旋花科植物的特色。地瓜、空心菜都是此科植物中常见的代表。

3. 天人菊由许多色彩丰富的花瓣围成一团，这种造型正是菊科花朵的基本架构。

4. 玉山石竹的花瓣像是大自然的剪纸作品。

5. 射干的离瓣花组装出简单的花形，却在花瓣的色彩上作了变化。

视觉
练习

有些植物的花在造型上令人印象深刻:

1. 申菝的花形有如耳朵,够特别吧?
2. 马兜铃的花好像萨克斯风,让人啧啧称奇。
3. 印度杏菜的花朵上长着众多纤毛。
4. 山猪豆的花好像多变化的盾牌。
5. 黄凤仙花的后端有花萼衍生成长突距,这是凤仙花科的特征。

1

2

3

4

5

兰科植物的花朵变化最大，从小如绿豆到大如碗盘，而造型与颜色更是千变万化，这也是兰花所以受人喜爱的原因。

1. 白鹤兰看起来如白鹤展翅欲飞。
2. 三瓣兰的造型一点儿也不像兰花，反而像星际大战中的怪物。
3. 凤蝶兰好像翩飞的凤蝶。
4. 盔兰的造型常让人误以为它不是兰花。
5. 喜普鞋兰也叫拖鞋兰，又被称为勺兰，因外形既像拖鞋，也像勺子而得名。

视觉
练习

雄蕊生长的方式、长短及数量，每一科植物大为不同，也是植物分类的依据之一。

1. 猫须草又名化石草，雄蕊好像猫的触须。
2. 芍药众多的雄蕊聚在内圈。
3. 蛛丝草的雄蕊非常长，好像蜘蛛丝一般。
4. 百香果的雄蕊好像时针、分针、秒针的排列。
5. 棋盘脚的雄蕊向外辐射如光纤。

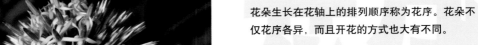

花朵生长在花轴上的排列顺序称为花序。花朵不仅花序各异，而且开花的方式也大有不同。

1. 穗花棋盘脚的花朵由上往下依序开花。
2. 蓝刺头是头状花序，花朵由顶端向外向下依序开放。
3. 兔尾草的花朵由下往上开。
4. 马樱丹的花朵，是由外圈依顺序向内圈开花。
5. 王爷葵的小花也是从外围朝内次第开。

Lesson 1 察颜观色

高大的树木，开花时不易靠近观察，有些树长在山崖高坡上，更让人难以亲近，但我们可以从花色及开花季节而推断出它是什么树。

1. 油桐花在4月上旬居多，花聚成团。
2. 流苏花雪白而热闹，过去台湾平野丘陵可见其芳踪，因美丽而被挖掘一空，每年3月下旬可在台大校园见其丽影。
3. 木荷在夏秋之间开花，花圆而色淡白。
4. 苦楝的花细小而繁多，呈淡紫。
5. 香楠的花长在树冠上，是早春之花。

2

3

1

4

5

6. 相思树通常在5月上旬开花，金黄的小棉球花，或密或疏，颇为可观。

7. 阿勃勒为外来种，台湾平地公园近年种植颇广，在夏天开出一串串下垂黄花，有如雨点落下，又称为黄金雨树。

8. 刺桐常在元旦至春节之间开出鲜红的花朵，花枝总突出在树冠上。

9. 春天，路旁或公园的木棉花，会突然在秃枝上开出厚重的橘红色大花。

10. 台湾栾树在初秋开花，黄色的小花聚集成束。

视觉
练习

凡走过必留下痕迹
——脚印的观察

美国西部电影中，常可以看见印第安人的向导带领着警察去追捕逃往荒山野地的抢匪，印第安人都会下马审视抢匪的马匹留下的脚印，依此来判断出有多少抢匪，以及多久以前抢匪留下这些脚印，并以此推断彼此距离有多远。

猎人也借观察野兽留下的脚印来侦知有哪些野兽出没以及活动的情形，这样他们才可以追猎，获知布置陷阱的最适当地点。所以观察动物的脚印也是自然观察中重要又有趣的活动，我们有必要对脚印多加认识，这样才能侦知野生动物活动的情形。这就像神探福尔摩斯观察犯人留下的各种痕迹，来推测案子发生的情景。

1. 注意这个大脚印，两边有小分岔，是犀牛的正字标记。
2. 两个半圆大蹄围成的脚印不是巨羚就是野水牛，在这半沙漠地区，显然是巨羚的脚印。
3. 猕猴在沙地上印下它走过的足迹。
4. 猎豹留下了非常清晰的足印，两足非常相近，表示它正在奔跑。若测量前后足印的距离，可以侦知它是急速奔跑或是踱步。

向导正在审视老虎留下的痕迹，他说："老虎蹲坐在地上，然后向右起身离去，它的尾巴在沙土上画下一条直线。"

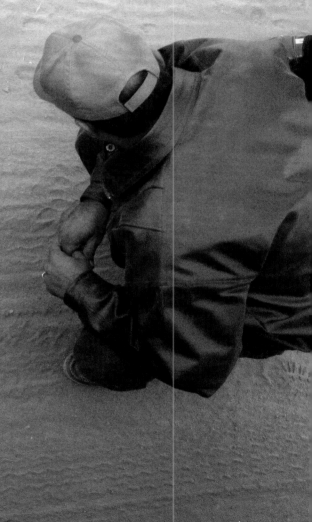

1. 大水獭在泥泞地留下清楚脚印及尾巴拖行痕迹。

2. 夜晚下了一阵雨，可以从脚印的干湿情形侦知它是下雨前或下雨后留下的。脚印中有干沙翻起，显示这是雨后才留下的足印。

3. 循着清晰的脚印去了解该动物活动的情形，动物学家就是据此决定架设陷阱式红外线相机的位置。

4. 食蟹獴留下的足印，猎人据此估计它的大小。

5. 脚印的边缘清晰、内外分明，表示它没有淋过雨，也就是说它是雨后才出现的！

1

2

3

4

5

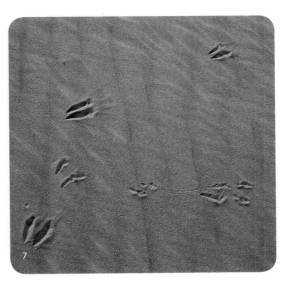

6. 蜥蜴走过沙地，拖行的尾巴在沙地留下了痕迹。

7. 体型娇小的石羚在沙丘上留下昨夜活动的记录。

8. 这里有野猪走过！有经验的猎人可以视它的足迹来判断它的大小。

9. 一只未成年的顽皮狮子，奔跳冲向前方另一只卧在地上的狮子。沙上的痕迹反映着几分钟前所上演的情景。

10. 一只大象在大雨中走过泥地，制造了一串的小水池，为雨蛙、蜻蜓、豆娘等生物提供了安全的育儿处。

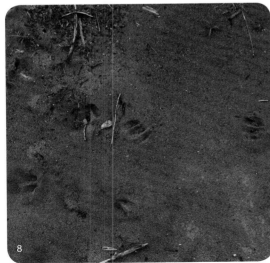

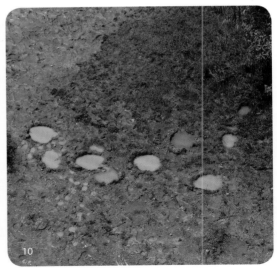

看一看"便"知道
——便便的观察

动物的排遗（粪便）是动物非常重要的身份证明，许多有领域性的动物都会用粪便或尿液来标示它的势力范围，像狼、犬、熊、老虎……从粪便中遗留的残物，可以鉴定它吃了什么食物、生长或分布状况，进而推知与它相关的生物。

1. 野地里，兔子留下它夜晚活动的记录。

2. 在突出的礁岩上，猕猴排下它的粪便，记录它活动的区域。粪便中无法消化的种子，让我们知晓猴子与植物以及环境的关系。

3. 研究动物的学者常借着动物的排遗来推知野生动物的生态情形。一般人看见动物粪便是避之唯恐不及，而动物学者却欢天喜地如获至宝。

4. 一堆味道不怎么好闻的粪便，却是大自然小侦探绝不会错过的重要线索。

山溪边的大岩石上，长鬃山羊在不同的时间留下了它的粪便，表示它常到这里来喝水以及啃食河岸附近可口的植物。

Lesson 1 察颜观色

视觉
练习

1. 看粪便外形，再检查排出的内容物，以侦知是哪一种动物留下的，再从颜色浓淡、软硬程度来推算它留下的时间。

2. 一场大雨把一堆颇新鲜的动物排遗冲刷开来，露出了螃蟹的螯脚，依此我们侦知这是食蟹獴留下的。

3. 虽然经大雨冲淋，但这草食动物所遗留的粪球，仍然可以让我们看出这是大型的动物所留下的。当然，我们可断定它是大象。

4. 排遗的尾端成尖锥状，表示该动物吃的食物比较浓腻，通常是肉食动物，例如猫、狐狸、獾等。此为鼬獾的排遗。

5. 水鹿在夜雨停止后，走到河边沙滩上留下它的排遗。

1

2

3

4

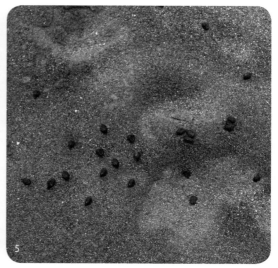

5

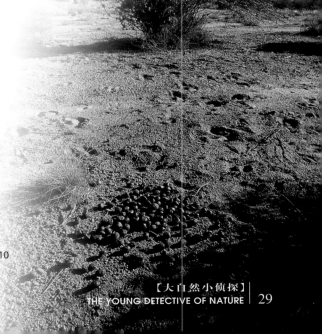

6. 排放成一堆垒球般大小的粪团，再用脚把它踢得远远的，表示"本大爷是不好惹的，最好不要入侵我的地盘"。这就是公犀牛用粪便做的记号。

7. 土狼强而有力的牙齿，连骨头都可以咬碎吞食，它的粪便因为含有大量从骨头消化来的钙质而呈现白色。

8. 树叶上小小的虫屎，透露着毛毛虫的行踪。

9. 牛羚的排遗虽然成堆，却可以看出它是由小粪球所组成。

10. 巨羚的排遗好像大粒的药丸一般。

视觉练习

视觉
练习

造型用法大不同
——鸟喙的观察

有越来越多的人在赏鸟，但大多数的人只是在分辨见到的是什么鸟，如果同时注意它的喙，我们就可推知它吃的是什么食物、在哪里觅食。欣赏它们觅食的方式，可以更加了解鸟的生态环境以及行为。因为食物的不同也造成鸟类演化出各种不同的鸟喙。当我们看见一只从未见过的鸟，单从鸟喙就可以大致推知它的食物，进而侦知它栖息及生活的环境，这就是在大自然里当一个小侦探最快乐的成就。

1. 彩鹬略长的喙，可以插入泥泞中，然后夹住藏于其中的昆虫、软体动物及甲壳生物。

2. 夜鹭的喙适于啄、刺，捕食鱼、昆虫，甚至老鼠以及他种小鸟，是一种很凶悍的鸟。

3. 澳洲鹅以植物的茎叶为主食，嘴宽而前端稍尖，利于扯断茎叶。

4. 塘鹅的大嘴是捞鱼的最佳工具。

5.孔雀的喙与鸡相似，表示它们的食物是差不多的，均为杂食性的鸟类。

6.啄木鸟的喙像尖凿一般，适合凿开树木，把内部的虫子拉出来吃。

7.彩鹳又大又长的喙适合吃什么呢？猜猜看！

8.它可以伸入水底，大而有力的喙是捕鱼的利器。

9.鹦鹉的喙很特别，上半较长、尖而弯曲，适合撕开种子的韧皮。喙的下半粗短如砧，当上下用力闭合时，可以压开有硬壳的果实，这样就可以吃到种子或种仁。

视觉练习

1. 红隼的喙尖锐，并且向下弯曲，很利于撕开鼠类的皮毛，再一片一片撕食其肉。

2. 野鸭的喙扁而略长，内部有梳状滤水构造，适于摄食水中的甲壳类、软体动物及鱼类，再将嘴中的泥水过滤出去而独留食物。

3. 中杓鹬的喙长而向下弯，适于插入泥沙中将蟹类啄出，然后把蟹脚甩落而吞食。

4. 反嘴鸻的喙细长而朝上微翘，左右甩动扫过水面下方，捕捉近水面的水生昆虫。

5. 黑面琵鹭长而前端宽扁的喙，适于伸入水中捕捉鱼类、水生昆虫、甲壳动物等。

2

3

1

4

5

6. 蜂虎尖细略朝下弯的喙，便于飞行中啄住飞翔的昆虫。

7. 戴胜如尖嘴钳子的喙，非常利于插进小土洞中，将昆虫或软体动物拖出来。

8. 冠翡翠的大尖喙，用来急速冲入水中啄住小鱼。

9. 红嘴鸥的喙用途很广，可以捕小鱼，也可以啄开死去大鱼的皮，再咬出碎肉来吃。

10. 企鹅的嘴型与海鸥非常相似。

视觉
练习

超级变变变
——叶子的观察

叶子是植物的识别证，它们用形状、大小、厚薄、排列、颜色……来表达自己属于哪一家族。在不开花的季节，这些就是我们用来辨认它们大致身份的线索。它们有的会变色，有的会在秋季枯落，有的常绿。有的叶片上长绒毛，有的上了一层蜡，有的叶缘平滑，有的有缺刻，有的叶尖长了突刺……但大部分的植物，我们并不一定要近近察视叶片。甚至远远地，仅凭叶片所传递的信息，就可以断定它的身份，如：香蕉、棕榈、竹子、姑婆芋、面包树、松树……在秋冬，有些树叶会变色，我们观察其色并辅以检视叶形，也可以区分出它们属于什么植物，像枫香、青枫、红榨槭、乌臼、无患子……有些树在春天发新叶时，叶色也会有嫩红、鹅黄等。树叶在不同季节里的色彩变化既可以让我们识别出它属于什么植物，也可以让我们欣赏到大自然四季的美丽。

5

6

视觉
练习

1. 棕榈的叶子极容易辨认，图为风车叶棕榈。

2. 竹子是常见的植物，叶子与其他植物大为不同。

3. 台湾莎萝的叶子更是自成一系。

4. 姑婆芋的大叶片想忘记它也难。

5. 无患子的叶子在严冬以后才变成金黄色。

6. 在平野地区的枫香，因为温度不够低，树叶经常
未变色就已凋落。在中海拔地区则会变成橘黄红的
缤纷色彩。

7. 红榨槭是中海拔地区易见也最出色的秋树。

8. 油桐在发新叶时，有的会变成嫩红，常令人误以
为是秋枫。

9. 乌臼变红时令人十分惊艳。

7

8

9

视觉
练习

谁是大食客
——食痕的观察

　　野生动物在觅食的时候会留下各自不同的痕迹，我们凭着这些痕迹，可以侦知是哪些动物在这里活动。例如鹰类在捕食小鸟时会拔除羽毛，所以它进食的树下总会留下羽毛，我们依此得知受害者是什么鸟。猕猴、飞鼠、松鼠等常把吃剩的果实或种子丢掉；伯劳则把吃不完的猎物残尸挂在树的枝刺上，留待下一餐继续吃；野猪总是把觅食处弄得一片狼藉；地鼠会在觅食路上留下长长的一条隧道……这些线索当然是自然小侦探要细加追查的地方。

1. 穿山甲的主要食物是白蚁，它用强而有力的脚爪挖开土石，舔食地底下的白蚁，留下了清楚的用餐痕迹。
2. 鼬獾擅长挖开朽木，翻食住在里头的甲虫幼虫。
3. 一只蓝鹊遇害了，只留下它的羽毛。猎食这么大的鸟不是一般猛禽办得到的，推测可能是石虎。
4. 蒲桃果上留有食痕，表示有可能是松鼠、飞鼠或猕猴来过。

森林里的小径上杂陈着一堆落羽，小侦探检视这些都是鸟的初级飞羽，显然这只鸟遇害了。再由羽毛的颜色、长短、大小可以检定受害者是哪一种鸟，这样就有机会侦知凶手是哪一种动物，或许是林鸮，也可能是石虎……

视觉
练习

1. 深山的小径上原本覆盖着绿密的青草，但其中一小段却呈现裸土，表示这片土被翻动过。能翻开这么大片的土，只有野猪办得到。

2. 这叶片上的食痕让我们找到了长颈摇篮虫。

3. 叶片被啃食一空，泄露了拟灯蛾的行踪。

4. 树干受伤处常有汁液渗出，吸引了一批金龟子。

5. 台湾栾树的树皮被咬破了，守在那里，一定会看到许多食客来进餐。注意39页大图，果然……

守候在台湾栾树下不久之后，出现了台湾大虎头蜂、长脚蜂、红眼苍蝇，及红星蛱蝶。最凶猛的占据最好的位置，最弱的蛱蝶只能靠边站，等恶客酒足饭饱之后才轮到它。

Lesson 1 察颜观色

1. 树干上的四道爪痕是蜜熊爬树的痕迹。

2. 顺着爪痕往上看，就发现蜂巢了！

3. 森林地上出现了青刚栎的种子，有的被咬碎裂，有的只剩种皮，是谁吃的？

4. 旁边的树干留下深深的利爪痕迹，看来这只动物一定很大！

5. 顺着树干往上看，原来是一棵青刚栎，树上有不小的树枝被折断，这正是黑熊爬上树冠摘取果实所留下的现场。由此可见，万一遇上熊，爬到树上躲，不一定是好策略。

侦探速成教室
Lesson 2
耳熟能详

Lesson2
耳熟能详 ——听觉

发出声音是许多生物传递信息的方式之一，运用听觉器官，也就是耳朵，来接收这些自然信息，是做一个自然侦探很重要的工具，其重要仅次于眼睛。在眼睛发生不了作用的黑夜或密林中，耳朵便成为侦知大自然信息的最重要的感觉器官了，就如同很多视障朋友，听觉比你我敏锐许多一样。

自然之中充满着声音：虫鸣、鸟叫、蛙鸣、风声、雨声、流水声……各类的声响，充满在自然之中。只要用心倾听，我们便可以听得到不同的声音。

飞禽走兽都具有声带，可以发出各类不同的声音；昆虫则是运用摩擦或敲击的方式来发出声响。此外，风吹向不同物体，会发出不同的声音，风势的大小则会吹出不同的效果；雨滴倾落，落在不同的物体上发出不同的声音，雨滴大小也可产生不同的音效；流水声则反映溪流的大小、水量、水速；浪声则诉说海洋的情绪，让我们一一来倾听分析。

禽鸟是非常善于鸣叫的，而且鸣声的频率、旋律、节奏都各自不同。公鸡的高亢悦耳与鸭子的粗粝吵杂有天壤之别，画眉的婉转嘹亮与鸦科的聒噪喧闹，简直是南胡与破锣的分别。

在森林里，小鸟常被茂密的枝叶所遮掩而看不见，但它的鸣叫声却泄露了它的行踪，由它的鸣声中，还可听出此时的它是处在怎样的心情，是在唱情歌，宣示领域，还是对情敌下达挑战的号角？或是呼唤雏鸟？我们只要用心倾听，大多可听出一些端倪。

夜晚的森林是猫头鹰的天下，领角鸮、黄嘴角鸮、褐鹰鸮各自发出特有的频率与节奏，只有在春天的夜晚，才会有黑冠麻鹭的"勾勾——"声加入合唱。野生哺乳类在夜晚通常是保持静默的，飞鼠却常在夜晚，尤其是天刚黑的晚上发出口哨声，但在育儿期则常会发出短促的警戒声。

蛙类也是靠鸣声来表达它们的状况，而且每一种蛙的鸣叫声都不一样，因此我们依

莫氏树蛙在夏夜水池边的树上鼓囊鸣唱，在白天，它有很好的保护色难以被发现，但当它在夜晚鸣叫时，我们可以循声找到它，当然你脑海中先要有它鸣声的档案，才能知道是谁在叫。

据鸣叫声，可以判断这附近生存着几种娃类以及它们的位置。所谓"听声辨位"就是如此。蛙类大多在夜间活动，每一个季节都有不同的蛙类鸣唱，例如泽蛙、小雨蛙、黑眶蟾蜍，它们在春夏之交鸣唱得最为激烈，虎皮蛙在仲夏夜欢唱，台北树蛙则是在冬夜高歌。昆虫也靠声音传递信息，其中，蝉是最有名的鸣虫，它们多半在白天鸣叫，螽斯、蟋蟀则喜欢在夏秋的夜晚嘶鸣，借由鸣声透露它们的身份和位置。

我们大部分的人，都习惯运用视觉，因此比较善于以图像来记忆，只有少数的人会使用听觉，也就是声音记忆。因此对很多人来说，要记住动物的鸣叫声音有些困难，即使前一天才听过，到了第二天很容易就忘记了，所以我采用自己发明的一些方法来记住它。

第一种叫做联想记忆法。也就是将你想记住的声音与你所熟悉的声音联想在一起。例如：我听见紫啸鸫又高又尖的鸣叫声，联想到车子紧急刹车时，轮胎摩擦地面的声音，因此我只要听见这种尖锐如紧急刹车的声音，就知道那是紫啸鸫的鸣叫声。还有白颔树蛙的叫声，让人联想到急促的敲门声，而斯文豪氏赤蛙的叫声则像是吹口哨，贡德氏赤蛙的鸣声，就像小狗

1. 熊蝉的鸣唱声最具炎热的感觉，"嘎嘎嘎……"，好像温度不断地在上升。
2. 白颔树蛙的鸣声有如敲门声，当然你听了不会说"请进"，除非你是笨侦探被戏弄。
3. 紫啸鸫的鸣声尖锐如刹车声，但春天时，它又能唱出悦耳的情歌。
4. 小山羚正在倾听相机的声音，它们有大耳朵与好视力以发现敌人。

山羌是台湾山林分布最广，也是被猎捕最多的野生动物之一。雄兽会用叫声来宣示领域或求偶，声音如狗吠，所以又称为吠鹿。猎人常倾听它们的叫声来侦知山羌分布的状况。优秀的猎人经常会用双耳作为工具。

4

冠羽画眉是台湾地区特有种，它的叫声很特殊，有人觉得听起来是"吐米酒……"，但我觉得也很像英语的"To meet you…"，你觉得呢？你一定要亲耳听听！在中海拔的林缘疏林都很容易看见或听见它。

的吠叫声。这些都是运用联想来帮助记忆的。但每个人经验不同，联想也会有些不同，这无妨，只要能帮你记住那声音即可。

第二种方法是音调语言化。例如，很多鸟类的图鉴书都会告诉你，冠羽画眉的鸣声听起来好像"吐米酒"，这就是音调语言化，其实不只可以使用汉语，英语等都可以拿来运用联想，例如冠羽画眉的叫声，在我听起来更像是英文的"To meet you"。

再举些例子，例如小莺的叫声听起来好似"你回去"，而头乌线则大叫着"是谁打破气球！是谁打破气球"。常见的乌鹙（大卷尾）的鸣叫，好像是用闽南语在骂人："饿鬼！饿鬼！呷酒！呷酒！"白头翁叫起来也像是跟人开玩笑般："天主教！大主教！跑掉！"台东的自然学家廖圣福老师在建造他那座很有特色的房子时，有天早上他的夫人听见一只乌头翁在电线杆上鸣唱，听起来就像是对着建筑工人叮咛着："小心点，小心点，小心！"这样的例子很多，也容易让人记住它们的声音，我们可以各自建立属于自己的声音档案，也增添许多生活乐趣！

在自然界里，听觉灵敏的生物都有一对大耳朵，例如鹿、羚羊、兔子等等，它们运用大耳朵探知猎食者潜近时所发出的细微声音，以便随时逃跑。而野狼、狐狸、山猫、狮子、老虎等掠食性的动物，为了测知猎物在哪里活动，也有可以收集细微声音的灵活耳朵。唯独人类的耳朵显得较小，也因此就无法听见细微的声音。但有一个补救的方法，就是运用双掌，接在耳朵的外缘，以将我们的耳朵变大一些。这样，就可以把细微的声音加大至两到三倍，而且还可以转动双手来找出声音来自哪一个方向。当然，当声音变得最强、最清楚时，就是声音的源头方向了。

1. 红嘴黑鹎属于鹎科，叫声吵闹而多变化，但是在育雏期间，它常发出"咿一呀"的声音，非常悦耳。
2. 乌头翁是台湾特有种，分布在屏东枫港以南以及东部太鲁阁以南，下次看见时别忘了听听它在叫什么。
3. 狮子的吼声相信没有动物不知道的！

这只水鹿正在倾听。鹿、羚羊、兔子等善跑的动物没有厉害的武器抵抗猎食性动物，只能以快逃来避敌，因此必须及早发现敌人，否则等到敌人潜近时，根本来不及发挥长跑的本领，就已经被具爆发力、善于短距冲刺的敌人捉杀了。所以，它们只有具有一双可以前后左右转向的耳朵来察觉敌人潜行的声音，才能提早起步逃跑。

人类的耳朵太小，且不能转动，所以不容易听到细微的声音，但我们可以利用手掌来加大耳朵的收音，如此可以让声音放大两至三倍。（摄影：黄一峰）

1. 想看中国树蟾鸣叫的样子，就必须要有听音辨位的能力。

2. 松鼠会发出像小狗一般的连续吠鸣。

3. 用耳朵来听音辨位，才能找到在洞口高歌的大蟋蟀。

4. 学学看乌鸦怎么叫？如果连乌鸦的叫声也没听过，那想要成为合格小侦探还要加把劲呢！

侦探作业

1. 在大自然中静坐，闭上眼凝神地倾听，记录你可以听见多少种不同的声音。

2. 在同样的情形下，用双掌加在双耳后，闭目凝神倾听，然后记录听见的声音，并与不用双掌时做比较。

3. 利用两部以上的手机，其中一部或数部藏于20至30米外的草丛或石头间，用手中的手机拨打藏起来的某一部，然后请同伴倾听，看谁指的方向最正确。

4. 倾听某一种鸟叫，例如竹鸡、斑鸠、小弯嘴画眉、白腹秧鸡、小云雀……然后将鸟声语言化，多做几次后，你就有了自己的新档案。

听觉练习
1

倾听风声

　　风吹过不同的地形地貌会产生不同的声音，随着风的强弱，产生的声音也有大、小、高、低的差异。风吹过峡谷、丘陵、平野、海崖、沙漠等时的声音也各自不同；但同样是沙漠，也会因为沙漠构成的质地不同（如：砾石沙漠、沙质沙漠、半沙漠等），使得风吹过的声音也完全不相同。试着去倾听随风而来的各种话语吧！

1. 冬天的东北季风吹到恒春半岛变成落山风，在龙銮潭上产生浪花滔滔、岸草倾斜、水鸟难飞等景观。
2. 夏季的台风吹弯大树，产生巨大如浪击的声响。
3. 秋风萧萧正是形容秋风吹动枝叶的声音，当它吹过水蜡烛，产生了"萧萧"与"瑟瑟"的声音。

春风吹面不寒，却能拂动新枝嫩叶，发出微微声响，那是叶语，那是花吟，带着春天愉人的气氛。

倾听溪流到海洋之歌

听觉
练习

　　水流动时，因为摩擦而产生声音，但水流极缓或水量极少时，声音就小到我们无法察觉。在落差较大的地方，水流速度快，发出声响就变大；如果水量大，那它的声音就更大。瀑布、溪流、海浪的声音，是大自然最令人震撼的音乐。

图1到17是一条溪流一直流到海洋的连续变化图片，左上的标示为声音的大小，试试看着图片的水流与场景的转变，冥想一下存在记忆中的声音变化。若想不起来，下回到了相似的地点，记得闭眼仔仔细细地聆听一番！

小瀑布

中瀑布

上游溪谷

6

上游溪谷

7

中游溪谷

8

下接图6

接下页图12

下游河床

下游河床

出海口

岩石海岸

砾石海岸

沙滩

13

14

15

16

17

侦探速成教室

Lesson3
博学多"闻"

Lesson3
博学多"闻"——嗅觉

有很多的生物、物质都会释放出化学分子到空气中，嗅觉器官敏感的动物，可借由嗅觉器官所接获的信息，分辨出那是什么气味，甚至找到气味的出处。猎狗就是以嗅觉来追踪猎物最出名的动物，它那敏锐的嗅觉，可以分辨出好几百种气味。像蛇的嗅觉器官是舌头，所以蛇会常常吐出细长的舌头来嗅一嗅，去感觉这附近有什么动物存在，也借以猎捕食物。

人类虽然没有这样灵敏的嗅觉，但我们有很好的脑子，若善加利用，也可以帮助我们分辨出很多情境。例如，蒙住双眼，走过一些房子，我们能分辨得出这是庙宇、面包店、医院、鱼市场、厕所……我们从何得知呢？因为气味。

其实我们的嗅觉也是灵敏的，只是平时我们常是嗅而不觉，没有把闻过的气味资料好好地储存起来，作为以后判定气味的参考。如果从现在开始，我们将有特殊气味的东西，用心地记录下来，那么我们的嗅觉就会越来越敏锐，成为现代的"好鼻师"。我们便多了一项自然观察的利器。

在大自然中，我们最常闻到的是花所散发出来的气味，每一种花都有独属于它的特殊气味。

1. 庙会散发出的爆竹硝味，是人们的重要气味记忆。

2. 庙里的烧香味令老人家安详心静，那是他们熟悉的气味。

3. 海港不仅有海咸味，还加了鱼的气味。

蒜头有强烈的气味，不管你喜不喜欢，你都会嗅到它的存在。

我们总以为花都是香的，但大自然就有许多花是有异味的，或怪或臭。图中的花长得小巧而美，靠近嗅嗅它的味道近似什么？我说出它的名字，你一定会恍然大悟——鸡屎藤。

1. 玉山山奶草有着淡淡奶香，令人难忘。

2. 紫红色的花名字叫列当，它寄生在茵陈蒿的根部，而茵陈蒿有一种特殊的气味，可以驱蚊。

3. 壳斗科植物像青刚栎、乌来柯等的花，有一股难闻的尿骚味。

4. 茼蒿的花具有强烈气味，是乡村常闻到的味道。

5. 白珠树有撒隆巴斯、擦劳灭的独特气味。

这气味是用来告诉那些爱吸花蜜的动物："来！我现在有好吃的花蜜啰！快来！快来吃喔！"当然，花供应蜜汁，只是一种手段，希望利用动物吸蜜，来帮它完成传花授粉的生命大事，而蜜汁则是用来犒赏这些媒婆的！

为了从众多花儿的气味中脱颖而出，每一种植物的花，气味皆不同。我们必须要用心地去嗅闻，然后将它文字化并记录下来。例如："台湾萍蓬草的花，有椰子粉的香味"，"乌心石的花则有玉兰花变淡的香味"，"玉山山奶草有淡淡的奶香味"，"魔芋花有臭屁的怪味"，"蒟蒻花有死老鼠的臭味"，"香楠、红楠的花有羊骚味"，"大叶山榄花有尿骚味"，等等。

因为文字化，你就有了依据的嗅觉资料，当然有些花彼此的气味相近，我们可以将它分类，然后用地区、海拔或季节来区分，因为不同的花在不同的地域、不同的海拔高度或不同的季节绽放，甚至昼夜也不同，例如有的只在晚上开，像球兰、山菜豆等，这些都是你建立资料的重要依据。植物的叶片也都具有不同的气味，有的气味太淡，以至于我们嗅闻不到，有些我们只要用鼻子嗅闻一下，就知道它是什么植物。当然，先决条件是你必须要碰触叶片或轻揉叶片，让它的化学物质释放出来，例如：薄荷、香茅草、樟树、

月桃、九层塔、艾草、茴香、芭乐、竹柏、白珠树等，这些植物的叶片都是具有味道的，或香、或臭、或辛，完全凭个人感觉。尤其是芸香科的植物，如橘子、柚子、柠檬、食茱萸等，气味最为明显。将它们的叶片对着光照看，可以见到许多小小的亮点。这是一种极小的油泡，只要轻揉挤破油泡，一股柑橘类特有的甘香味，就会被源源不断地释放出来。其中最有名的就是食茱萸，只要碰触到它的叶片，立刻会有一股浓郁的特殊味道涌现出来。因为太强烈了，所以古人认为它可以驱邪，每年九月九日重阳节的时候，将它的枝叶插挂在门楣上，就如同端午节时把艾草、香茅草插在门楣上一样，所以唐诗才有这样的佳句："遥知兄弟登高处，遍插茱萸少一人。"食茱萸在台湾又叫红刺葱，是非常好的香料，在煮汤、凉拌豆腐、炒蛋、蒸蛋或煮面时，加几片食茱萸嫩叶，立刻增加了食物的风味。

1. 茶叶也许嗅起来没有味道，但轻揉一下，香味涌现。
2. 茴香气味特殊，开花时，园子里都是它的味道。
3. 臭青公在遇到危险的时候会发出难闻的臭味来退敌。

植物不仅是花、叶会发出气味，树干也会散发出味道，像桧木、松树、樟树、肉桂等，它们的树干都各自拥有独特的气味。大部分的木匠就可以凭着木头的气味来分辨树种。成熟的果实多半也会发出独特的气味，所以有很多家庭主妇在买水果时，只要靠近闻一闻，就可分辨出水果成熟的程度。

动物的嗅觉发达，所以很多动物会使用气味作为信息传递的方式，例如：狗、老虎、狮子、狐狸、熊等都会在它的领域内留下气味，让其他的同类了解，这个区域是它的势力范围，不得侵入！有些昆虫会喷出特殊气味的液体来退敌，例如：津田氏大头竹节虫喷出的液体，有如风油精加林投花以及杏仁粉的味道；而棉秆竹节虫遇敌则是分泌出一股人参味；鞭蝎在危急时会喷洒出浓浓的醋酸味道，让敌人不敢靠近。在没有导航系统的时代，南太平洋的波里尼亚人就利用猪来做长途航行，因为猪有高度灵敏的嗅觉，在嗅到远在视力以外的陆地时，猪便开始激动起来，船员因此便可得知陆地的位置。

虽然人的嗅觉不如动物敏锐，但还是有不少气味是我们可以分辨的，只要仔细留意便可发现，并解读出自然传递的气味信息。

1. 将有气味的树叶、花朵、木片，分别装入深色不透明的罐子或纸盒中，写上编号，让学习者用鼻子去嗅闻，然后每个人发一张写好编号的白纸，试着写出它的名字。如此反复练习，最后把罐子上的编号重新编过，再试试看鼻子是否能正确地把信息传到脑中去解读。

2. 学习分辨各种精油（熏衣草、迷迭香、桧木、茶树、檀香）、香水（各类品牌）的气味。爱喝茶的人可以试着靠茶的气味来分辨茶的种类，例如包种、乌龙、铁观音、普洱茶等。

热带地区的水果，气味浓烈多变。

香气扑鼻

对于美好的气味，人类很早就懂得利用，例如，燃烧沉香、檀香来表现庄严气氛，以熏衣草来去除衣服的霉味，利用香水来增加对异性的吸引力，用香料来增加食物的美味。甚至像茱萸、艾草、香茅等气味强烈者，还被认为有驱魔镇邪的功效，因此分别在端午及重阳时，用来插在门楣上。

在自然观察时，我们可以运用大自然所发出的不同味道来辨识它们。不只是花有香味，有些叶片也有，大部分的水果在成熟时也都会释放出各自特有的香味，我们仅靠味道就可以知道有什么水果成熟了。

1. 山胡椒属于樟科，轻揉叶片会散出如樟脑或香茅的气味。
2. 轻揉竹柏的叶片，会散发出芭乐黄熟的香味。
3. 野姜花清香四溢，让人无法忽略它的存在。
4. 橘子花的香味为早春的代表性香味之一。

山黄栀散生在台湾低海拔地区，它的花美丽又芳香扑鼻，果实可用来做染布的黄色染料，是一种多用途的台湾野生植物。

嗅觉
练习

1. 玉兰花的花香沁鼻，有很多人家喜欢在院子里种上一棵以闻香。

2. 乌心石是著名的台湾大树，它与玉兰花同属木兰科，也有淡淡的幽香，只是不如玉兰花那样馥郁。

3. 白珠树的叶片芳香怡人，有舒筋活血的疗效。

4. 樟树的香味大家都很熟悉，只要轻轻揉一下叶片，那味道立刻涌现！

5. 过山香的叶片有一种特殊的香味，它与橘子同属芸香科，所以都有香味。

槟榔是热带、亚热带常见的植物，它的花芳香怡人，果实是昔日原住民在重要节庆用来招待宾客的珍品。这些年来，吃槟榔却突然变成很多台湾人的嗜好，常吃易患口腔癌，且会上瘾。在山上种大量的槟榔也有害水土保持。

臭气熏天

花朵所以芳香美丽是为了吸引昆虫前来帮它传花授粉，代价就是给昆虫一些甜头——花蜜。但有些植物另有打算，提供的居然是臭味，当然要粪便或尸体腐烂的味道才足以吸引那些逐臭之夫。小侦探可想到有什么昆虫是最喜爱臭味的吗？

植物界的魔芋类是最著名的放臭植物。此外像大叶山榄的花也是其臭难忍，就像是蝙蝠洞中呛鼻的尿骚味。世界最大的花朵——大王花，它的味道像是腐尸的味道，想不到吧？！

生长在高雄柴山的密毛魔芋在开花时，其臭令人掩鼻。

1. 蟑螂的臭味众所皆知，但它平常并不这么臭，只有在遇到敌人时，它才会分泌臭液。

2. 椿象在危险时也是用臭味来退敌，故有臭屁虫之名。它的一位表亲名叫臭虫，在落后地区，藏身于床铺，晚上爬出来吸人血。

3. 鱼腥草有一股不好闻的鱼腥味，但煮过后臭味就消失了。它可是青草茶的原料之一。

4. 马甲子花的臭味引来逐臭之夫的苍蝇。

5. 臭青公也是在危急时喷出臭液以驱敌，但轻轻抓它，它并不会随意喷臭。

特殊异味

　　许多大自然的生物都具有特殊的味道，说不上香或臭，就是很独特，喜欢的人说它很香，不喜欢者说它奇臭无比。最著名的例子就是榴莲，人们为了榴莲的香或臭，经常争得面红耳赤。再如我们常见的马樱丹，它的气味也很特别，既不臭，也不是香，就是怪。

　　每个人对气味的判别是很主观的，所以作为小侦探的你就必须去建立自己的气味档案，别人的经验仅供参考啰。

1. 榴莲的味道"怪"得出名,总让好恶双方为它争论不休。
2. 大头竹节虫喷费洛蒙（一种蛋白质）来退敌，它的味道就像风油精加林投花香。
3. 有些竹节虫会分泌一种具有怪味的液体，但棉秆竹节虫却分泌香味。
4. 食茱萸的味道相当强烈，台湾人称它为红刺葱，用来做香料，例如炒蛋、凉拌豆腐。
5. 第伦桃的果实也有一股特殊的气味。

侦探速成教室

Lesson4
"味"卜先知

Lesson4
"味"卜先知 ——味觉

人类必须吃东西才能存活，但是吃什么就成了一大课题。因为吃到不对的东西，往往未蒙其利而先受其害。味觉是我们身体的本能之一，是分辨哪些东西可食，哪些东西不可食的最基本感官。

我们的味蕾，可以分辨出酸、甜、苦、辣、咸、涩、鲜、甘等味道，这些都是在我们的味觉感官下所能区分出来的味道种类。其中，我们最喜欢的应是甜味，因为糖类是热量的来源，所以孩子喜欢吃糖果，他们需要热量

来生肌长骨。对于适度的酸、辣、咸，我们都还可以接受，但若是太酸、太辣、太咸的食物，很可能会立即被吐出来。苦与涩，更是强烈地被我们排拒，表示这些东西对身体是不好的。因此，我们运用味觉来分辨一些具有特殊味道的自然物并非难事，若再搭配嗅觉，那就更加无往不利了。

例如：酸藤是低海拔山区里常见的一种攀缘性的爬藤植物，它总是攀爬在别种植物的树梢上，平常并不引人注意，只有在开花的时

1. 酸藤是低海拔常见的木本藤类，叶片尝起来带有酸味，可用味觉来确定它的身份。
2. 野苦瓜具特别的苦味，可是等它黄熟时，苦味就消失了。
3. 桑葚的颜色正在告诉我们它的成熟度，紫黑色是最甜熟之时。

辣椒最红时也就是最辣的时候。人们对辣味的喜恶两极化。

盐肤木是亚热带地区常见的小乔木，它的
果实具有咸味，山上的原住民用它来替代
盐巴。

候，才发觉原来它的数量还不少。那桃红色的众多小花，也是春天的美景之一，但花谢之后，它又仿佛突然消失般隐身于山林之中。当我们发现叶子短小呈卵披针形的蔓藤，想确定它是不是酸藤时，只要尝尝它的嫩叶是否有微酸味就行了。如果是，那保证就是酸藤，这也是它的名字之中有一个"酸"字的原因。

叶片带有酸味的植物，常见的还有紫花酢浆草、黄花酢浆草、茄苳、锡兰橄榄的嫩叶。而所有秋海棠类的植物，茎叶都具有酸味，尤其是它的茎，酸而多汁，野炊时，可作为醋的替代品，也是野外求生时的解渴植物。果实含有酸味的就不胜枚举了，有些甚至在成熟时会由酸涩转为甜美，例如小叶桑、悬钩子、杨梅、野枇杷、野牡丹、野蔷薇等，果实成熟时十分美味可口。

盐肤木又称为山盐青，果实具有一种特殊的滋味，尝起来有着酸与咸混合的味道。昔日山上的原住民就是用它来料理食物，作为盐巴的替代品。另外还有一种原住民拿来作为料理的植物是山胡椒，它的果实吃起来有一种特别的辛香味，对于味

觉具有不错的刺激作用。泰雅族人称它为"马告"，常在夏秋之际，采集山胡椒的果实加以腌制，用来佐餐拌饭，或在烹煮海鲜肉类时，加入少许以增添风味，是一种本土产的胡椒替代品，故名山胡椒。它属于樟科这个大家族，所以它的叶片也具有樟脑油的香味，在野外也可以依此作为鉴定之用。

台湾土肉桂属樟科家族，它的叶片以及树皮尝起来带有甜味，另外还有些辛辣味。如果在开水中放入几片台湾土肉桂的叶片，就成了香美微甜的肉桂茶。其他地区所产的肉桂，只有树皮才有这样的效果，因此台湾土肉桂算是世界上品质最好的肉桂。

1. 黄花酢浆草的茎叶具有酸味，台湾称之为盐酸草，是用途甚广的草药。
2. 紫花酢浆草的叶柄与花茎亦具酸味。
3. 胡椒的果实具有特殊的味道，能增加食物的美味。

要特别注意的是，有些植物含有强碱，入口之后会令人感到苦涩不堪，甚至中毒，因此这些植物务必要加以认识了解，不可随意拿来食用。例如姑婆芋是一种生物碱很强的植物，千万不能入口，不然会烧伤喉咙，甚至会引起胃痛及呕吐。曾经有人将它误认为山芋而采来煮食，结果对身体造成不小的伤害。另外夹竹桃也是一种毒性很强的植物，曾有人削它的枝条作为筷子使用，结果中毒送医。因此在野外时，要小心留意辨识植物，不确定是否可食的植物，千万不要轻易尝试，以免中毒伤身，造成无法弥补的遗憾。

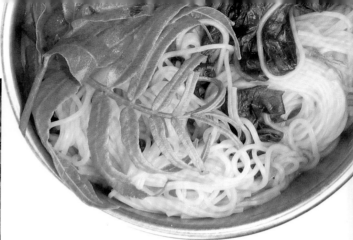

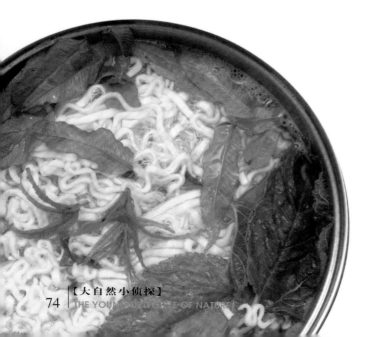

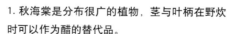

1. 秋海棠是分布很广的植物，茎与叶柄在野炊时可以作为醋的替代品。
2. 艾纳香（上）、桑叶（左）、食茱萸（右），是野炊常利用的食材与香料。
3. 龙葵的嫩叶是著名的野叶，在春天时最可口，其他季节可用开水烫过再行炒、煮，味道仍佳。
4. 姑婆芋含有强烈的生物碱，其汁液也能伤害皮肤。

山茼蒿（右）又名昭和草，是近年颇流行的有机野菜，在野外广泛自生，月桃嫩心（中间白色者）具芳香，是一道味美的野菜。食茱萸（左）只要几片叶子，就能让一锅面变成佳肴。

食茱萸的叶片含有一粒粒细细的亮点，这是油泡，弄破油泡就会散发出强烈的气味，就像橘子皮或橘子叶一样，原来它们都属芸香科呢！

有一个运用味觉而找到正确方向的著名例子：在第二次世界大战期间，一艘补给船在大西洋上遭到攻击而沉没，其中有三个人在救生艇上漂流了82天。当时他们在茫茫大海上，根本无法弄清楚方向，随波逐流了81天后，一名船员无意间以手指沾海水来尝，发现海水的咸度降低了，这就表示有淡水稀释了海水，也表示有大河注入海中，更表示离陆地不会太远了。于是，他们一面尝着海水的咸度，一面朝着咸度较淡的方向划桨前进，果然在第82天的下午，进入巴西的一个河口而获救。

因此若能善加运用我们的感官，则会为我们带来意想不到的体验。

1. 山胡椒的果实具有特殊的辛香味，野外烤肉煎鱼加入少许，风味奇佳。
2. 月桃的种子加水煮可以当做漱口水。
3. 野牡丹是常见的野生灌木，它的花大而美，果实成熟时很好吃，是村童的零食之一。

侦探作业

准备10种左右的食物，请蒙上眼睛后品尝，然后依序说出食物的名字。练习味觉时，食物的排列要从最熟悉的到不熟悉的，例如：

水梨 ➡
苹果 ➡ 香蕉 ➡
芭蕉 ➡ 西瓜 ➡ 香瓜 ➡
小黄瓜 ➡ 大黄瓜 ➡
冬瓜

果实色、香、味

　　一般的果实在未成熟时大多为绿色，隐藏在树叶间，不易被发现，此时的果实要么很酸、很涩、很苦，或者长毛长刺，其目的就是要防止此时被动物吃掉，因为种子未成熟就不能发芽。可是等到果实成熟时，酸味就不见了，例如芒果、柑橘；涩味消失了，例如柿子、香蕉；苦味也没了，例如苦瓜。果皮也变得出色而引人垂涎，甚至还散发出让人食指大动的气味，例如凤梨、香瓜……这时的果实就利用这些办法来昭告天下："欢迎来吃！"因为它就是要靠来摘食的动物把它的种子传播到远处去，无论是利用粪便、夹带、投掷或挖洞贮存……

1. 恒春山枇杷由绿转黄，也就是由酸转甜了。
2. 黄水麻转黄时，变得甜而多汁。
3. 毛西番莲黄熟了，这野生种的百香果变得可口起来。
4. 榄仁果由绿转黄，涩味不见了，尝起来微甜带甘，是热带海边孩童的零嘴。

玉山悬钩子成熟时，看起来晶莹剔透，肥美多汁，是野生动物与登山者的最爱。

Lesson4 "味"卜先知

1. 茶藨子红熟时酸甜可口，是可生食的野果。

2. 山桐子散生在中海拔地区，为大乔木，冬季果实红熟时，会有许多鸟类来啄食。

3. 恒春杨梅要等到变深紫色才是最甜的时候。

4. 构树分布非常广，从前用它的叶片喂养梅花鹿，故又名鹿仔树。雌株在初夏结红果，甜黏可食。

5. 火棘又称状元红，秋冬结果，熟时深红色，微甜可食。

6. 姑婆芋果实红熟时，毒性消失了，但不怎么好吃。

7. 台湾有二十几种悬钩子，大多数的果实极好吃，只有几种淡而无味。

8. 蒟蒻与姑婆芋同属天南星科，但果实颜色呈紫色。

9. 从申菝的果实来看，就知道它也是天南星科。

10. 苞花蔓是林下的小草，秋天时果实红熟微甜可食。

山葡萄的分布很广，从亚热带到温带都有，它的果实颜色随着成熟度而不断转换，相当美观。

1. 白饭树分布非常广，热带、亚热带都有它的踪迹。果实成熟时洁白如饭粒，且为浆果，极易辨认。

2. 山桂花的果实在秋冬时成熟，微甜可口。

3. 荫鸡屎树的果实，为大自然中少见的宝蓝色，很容易辨识出来。

4. 麦门冬一整串的紫蓝色果实。

5. 紫黑色的葡萄是市场常见者。

1. 铜锤草因为果实的外形而得名，是一种常见的匍匐性草本，也是用途很广的药用野草。

2. 杜虹花的果实为紫红色，所以又名紫珠，从它的果实大小与颜色，很容易鉴定身份。

3. 刺茄又名颠茄，全身有刺，果实幼时为淡白色，大时为绿色，熟时转成红色，用来入药。

4. 苹婆的果实非常特别，有外果荚包覆，成熟时果荚呈现绒红色，种子炒后味美如栗子。

5. 耳钩草又名双花龙葵，果实成熟时鲜红亮丽如红宝石，微甜可食。

侦探速成教室
Lesson5
得心应手

Lesson5
得心应手 ——触觉

人类全身的表皮布满着触觉神经，尤其以手指的分布最密，感觉也最为灵敏。我们靠着手指的碰触，可以感受到所碰触物体的形态、冷暖、粗细、软硬、厚薄、钝锐、凹凸等，借此可以辅助我们分辨大自然中许多不同的生物或物体，特别是在视力差或夜晚的时候。例如：我们运用手指来测量水温的高低；买水果时运用手指来感受软硬，判断水果的成熟度；在鉴别植物时，也用手去触摸叶子的厚薄，以辅助鉴知植物的种类。在植物图鉴上常记载叶片为纸质或革质，这些都是对叶子触感的描述。例如月桃叶摸起来的感觉像皮革，所以是革质；桑叶触摸起来的感觉像是薄纸，所以是纸质。这些触感的描述，只要你实际触摸过一次，便会明白。

我过去曾有两年的时间，在恒春的森林里观察与拍摄一群台湾猕猴。曾经在一个夏天的午后，我追随猴群到了另一个山谷去，突然下起倾盆大雨，猴群利用大树抄捷径，很快便回到了过夜的山谷，而我却被大雨困在珊瑚礁岩之下，进退不得。

等到大雨停歇时，天色已暗，而我竟然没有带手电筒，根本无法走过漆黑的森林回到营地。冷静思考之后，决定利用本能的触觉来代替视觉，引领我穿过黑暗的森林。因此便脱下鞋袜，

1. 糙叶榕的叶面粗糙如砂纸，用手指触摸叶面，就能辨识出这种植物。
2. 桑叶摸起来是纸质的感觉。
3. 叶面上一层白白的粉粒物质是什么呢？用手指摸摸看，哇！好冰！原来是霜。

森林的小路因为有人、动物长年走过，所以路面没有草，也少有落枝枯叶。如果必须在黑暗中走过森林，光着脚去感受路面，就不会错过小路而迷途。

俗话说："柿子专挑软的吃"，虽然是形容人们做事避重就轻，从简单的下手，但也显示柿子要等熟软才好吃，所以买柿子要用手去感觉，看看到底软了没有。

用脚来探测这条弯弯曲曲的小径。这条路由于长年有人行走，因此路径上野草和落叶不多，地面也比较结实，于是我利用脚的触感，沿着小径慢慢前进。若是触碰到了草丛、灌木或落叶层，或觉得地面突然变得松软，或是踩到杂陈的枯枝，这些都表示小径转弯了。而转弯处的树干，也因为常被碰触而显得光滑，这个线索则透露着转弯的方向。

经过一个多小时的奋斗，我终于回到营地。在拥有照明时，这段路走来最多也不过20分钟而已，现在却多花了4倍的时间。不过我靠着双手及双脚的触觉，让自己脱困了。

在野外求生时，触觉经常会派上用场，特别是在混浊的水中，徒手抓鱼虾、摸蚌蛤，我们都能靠手指来分辨，不至于把水蛇当鳗鱼或鳝鱼，毕竟蛇有鳞片，而鳗鱼、鳝鱼是滑溜溜的，用手指轻触，便能察觉到它们的不同。

榕树是台湾的常见树木，种类很多，有正榕、雀榕、垂叶榕、菲律宾榕、糙叶榕，其中有几种的叶形颇为相像，因而难以分辨。有的树在幼枝时与成树后的叶形也不一样，因此，每次我找糙叶榕时，总要触摸到它那粗糙如磨砂纸的叶片，才能肯定它就是糙叶榕。

侦探作业

1. 取数种小树枝，例如樟树、九芎、白千层、相思树、龙眼、槟榔、蛇木、竹子、甘蔗等，放在一起，蒙住眼睛之后，试着以手的触感来分辨它们。
2. 取数种树叶，例如柚子叶、构树叶、桑叶、落葵叶、落地生根叶、相思树叶等，试着以手的触感来分辨它们。

1. 在常有人走过的山径上，植物不易着生，在起雾的时候是最不会迷路的路径。
2. 鳗鱼、鳝鱼、土龙表皮光滑无鳞，浑水摸鱼时可以用此来与蛇区分。
3. 蛇有鳞片，所以触摸就知道了。这是水蛇，在湿地里活动，你应该不会把它当成鳗鱼抓吧？摸了就知道！

触觉
练习

1. 落地生根的叶片很厚,内藏水分养分,不但耐旱,还可以从叶片上长出幼苗。

2. 紫花野牡丹的叶片上有一层薄绒毛,可以触摸察觉出来。

3. 绒叶茄的绒毛密而多,更容易感觉。

4. 面包树的叶片大如扇,叶脉突起,用视觉和触觉都能分辨。

5. 五节芒的叶片含有硅质,再加上边缘有微齿状构造,所以会割人皮肤。

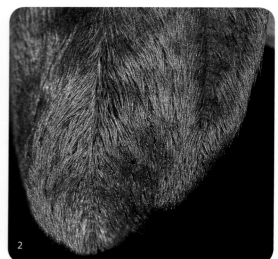

海边的环境不利于植物生长，阳光烈、紫外线强、风大、盐分高、干旱、土壤贫瘠，所以滨海植物都有各自克服恶劣环境的本事。而白水木就是其中的佼佼者，叶肉厚可以储存水分，叶面有蜡质及绒毛以阻挡紫外线、防止水分散发。

1. 九苎的树干光滑，靠触摸就可确认。

2. 樟树的树皮裂纹多而深。

3. 竹子光滑有节是其特征。

4. 为了防止猕猴爬到树上摘食花叶，食茱萸的树干基部长着瘤刺。

5. 白千层的树皮软厚而多层，触摸一下即可知其身份。

侦探速成教室

Lesson6
野外恐怖分子

Lesson6
野外恐怖分子——危险生物

在生机盎然的森林里，各种青草生长，野花绽放，大树林立，藤枝攀垂，而水生植物滋长的沼泽里，则弥漫着一股神秘的气息。天空盘旋的大冠鹫悠扬的鸣叫声，划破密林的幽静，让林下的动物知晓它的存在。

置身在如此的天然林之中，我们除了徜徉于大自然的爱与美，同时也要设想身在其中可能会遇上的危险。当然我们不用顾虑老虎、狮子这类大型的猛兽，台湾封闭性的自然生态系，不足以供养如此大型的掠食者，台湾不是它们天生的家乡，只有在动物园里才可以看到这些进口过来的大型猛兽。

那么有什么是你需要留意的状况呢？有哪些生物可能会伤害到你呢？

蛇应该是最令人感到害怕的动物，其实还有不少中、小型的生物，对人体也具有伤害与威胁性，只是因为它们有些体型微小，所以常被我们忽略。我们想自由自在地徜徉于自然之中，而且能泰然自若，就必须积极地去认识与了解在自然中生存的各式各样生物，了解它们的危险在哪里，为什么会发动攻击，在何时、何地、何种生态环境中出没。对于自然有了足够的认识与了解之后，我们才能与之安然相处，避免伤害的发生。

1. 黑熊是台湾最大型的危险动物。

2. 可别轻视体型娇小的虎头蜂，它可是十分凶悍的！

3. 许多小动物看起来有些可怕，但大多也只是一种伪装。

有些蛇常在树上活动，所以拨开枝叶时
要有警觉性，避免双方都受惊。

冷血杀手——毒蛇

毒蛇 1

在台湾这块土地上，最让进入自然荒野的人感到威胁的，应该就是毒蛇，因此认识蛇是一项很重要的课题，所以我们就先从蛇谈起。

台湾总共有52种蛇类，毒蛇占了22种，其中的16种是海蛇，6种为陆地上的蛇。我们在野外会遇见的，大多都是陆地上的蛇。目前已被深入研究的毒蛇有12种，海、陆各占一半。尚未被研究的蛇，大多是个性温和害羞，几乎从未对人类造成任何伤害，或是数量实在非常稀有，少之又少，而无从遇见。

毒液的强度与蛇的性情并不相关，海蛇的毒液比陆蛇还强烈，但是性情却是非常柔顺；雨伞节是毒液最强的陆地蛇种，个性却平静温和；反倒是无毒的臭青公，性情激烈凶猛。大部分的蛇其实都相当胆怯，无论是毒蛇或无毒蛇，一般只要感应到有大型动物接近，无不缩成一堆或逃之夭夭，对于路过而十分接近它们的人类也毫无恶意，除非人们过分鲁莽冒失的行为伤害到它们，才会引发蛇类的自保性防卫行为，否则它们还是会选择离开。即使是凶悍的眼镜蛇或龟壳花，每回见着了人，也都是缓缓地移向他处，或是静卧在原地不动。有一回我和同伴在一条山径小道上赶路，一条龟壳花蜷缩在小路内侧的突堤上，我没有看见它，因此不小心碰了它一下，它只是缩了缩头，不为所动。接着，它又被走在我身后的同伴也碰了一下，但它也只是把头缩得更短，一点也没有起身攻击的意思。

人类对野生动物栖地的无止境侵占与掠夺，处境最凄凉的就是蛇了。除了居住的栖地被破坏之外，也因为人们迷信"蛇补"的功效，许多一听到毒蛇就垂涎欲滴的食客，在他们的胃里装入无数的蛇，而且坚信毒性越强的蛇，滋补的效果越好。现今在台湾的野外，想要见到一条活生生的蛇已属难得，就算见着了，十之八九也会被人们用乱棒打死了。他们不知道这场与蛇的相遇，可比中大乐透还不容易。如今，在野外还得要有知识与经验再加上好运气的人，才能见得着毒蛇呢！

目前6种陆地上的毒蛇，除了不够"补"的赤尾青竹丝数量无虞之外，其余5种均已被列入保育类野生动物，它们是日间活动的眼镜蛇，夜间活动的雨伞节、龟壳花、锁链蛇，以及喜欢弱光而出没于晨昏的百步蛇。以下分别说明它们的体型、特征、栖地分布与食性。

赤尾青竹丝又名赤尾鲐，这类蛇广泛分布于热带、亚热带，具有出血毒。大多在森林溪边的草木上静静埋伏等待倒霉的猎物靠近。

眼镜蛇

大型蛇，最长约200厘米。全身黑色并有灰白色细纹环绕，头部为椭圆形，兴奋或发怒时，会竖起前身，扩张颈部而呈现前后扁平状，并发出"呼！呼！"的声响以作为警告。主要在白天活动，天气闷热时改为黄昏活动，栖息于山区或农垦地。卵生，四五月交配，以鱼、蛙、蟾蜍、蜥蜴、蛇、鸟、鸟蛋、鼠为食。已列入保育类野生动物。

◎**毒性与攻击性**：神经毒加上出血毒。易被激怒而攻击性强。特别注意，眼镜蛇虽然被归类为神经性蛇毒，但往往也会出现局部红肿、组织坏死之出血毒现象，需要以眼镜蛇混合血清来急救，才能有疗效。

雨伞节

中型蛇，最长约180厘米。全黑的头部圆而小，全身有黑白均等的相间条纹，是很容易辨认的毒蛇种类，它黑白分明的体色，让人类较容易注意它的存在而避开。主要在夜间活动，喜欢阴湿环境，如水田、溪流或水塘边。卵生，八九月交配，以鱼、蛙、蜥蜴、蛇、蛇蛋、鼠为食。已列入保育类野生动物。

◎**毒性与攻击性**：神经毒。是台湾毒性最强的毒蛇，不过幸好它的性情极为温和，不会主动攻击人，对于人类的靠近相当敏感，通常会主动先行回避。被它咬到不会疼痛，因此容易受到忽视而造成心肺衰竭。

百步蛇

中型蛇，最长约150厘米，体型粗胖。平时盘曲成堆，大三角形状的头部枕于中央朝天，吻部上翘，常在落叶堆中等待猎物，花纹和体色能与环境完全融合，而不易被发现。日夜均会活动，喜欢弱光，为晨昏性蛇类。卵生，在3月至11月交配，以蛙、蟾蜍、蜥蜴、鸟、鼠为食。因大量捕捉和栖地被破坏，数量稀少，已列入保育类野生动物。

◎**毒性与攻击性**：出血毒。在台湾的6种毒蛇之中，如果以等量的毒液来做比较，以雨伞节的神经毒之毒性最强，致死率最高的百步蛇毒性最弱，但百步蛇的注毒量最多，根据研究可能是其他蛇类的5倍之多，因此产生的症状较为猛烈，占致死率的第一位。百步蛇受到侵扰时，立即会将头部昂起，并发出"嘶！嘶！"警戒声及摇摆尾巴，呈现警戒的姿态，不过不会随意攻击。

龟壳花

中型蛇，最长约150厘米。三角头大而颈细，毒牙巨大，号称是台湾毒蛇中毒牙最大者，背鳞粗糙有明显棱脊，身体棕黄有不规则黑褐斑，伪装性颇佳。主要在夜间活动，交配期不明，夏季产卵，1~1.5个月孵化，以蛙、蟾蜍、蜥蜴、鸟、鼠、蝙蝠为食。已列入保育类野生动物。

◎**毒性与攻击性**：出血毒加上神经毒。多数的蛇类只要感应到人的脚步声，便会立刻逃窜远离人类。但是龟壳花总是游走得很慢，甚至不移动。当它躲在森林底层时，冒失的人若重重一脚踩在它身上，很难不被狠狠地咬上一口。它最爱吃老鼠，平常就窝藏在人类住家附近的洞穴、石堆间缝中，因为这些地方是野鼠最常栖居之处。以上因素造成龟壳花占野外毒蛇咬伤率的第二位。倘若迅速就医治疗，造成死亡的概率很低，但极为疼痛。

毒蛇
1

锁链蛇

中型蛇，最长约128厘米。锁链蛇是属于菲律宾系统的蛇类，蝮蛇科，主要产于东部海岸山脉，数量稀少，已列入保育类野生动物。原本只出没于东南部山区，但南回公路通车之后，也开始在西部枫港附近发现。头部呈三角形，背面淡灰褐色，有成串铁链状的黑色环纹，喜好日照充足的环境，常栖息于河川两旁宽阔而平坦的砾石滩、沙滩或蔗田，体色与环境相融，不易辨认。

◎ **毒性与攻击性**：因为体色近似龟壳花，常常被误认，但是锁链蛇分泌的蛇毒复杂，同时兼具神经毒与出血毒。

赤尾青竹丝

中型蛇，最长约90厘米。头部呈现显著大三角形，全身草绿色，腹面浅绿或黄绿，背腹交界处有一条白线纹（雌性），或上白下红的双线纹（雄性），尾端暗红色。由于它被认为不够滋补，因而免于被猎捕，所以数量最多，成为森林里最常见的毒蛇。它们大都盘踞在树上、灌木、藤蔓或蕨类、姑婆芋等植物的枝叶或枝干上，一动也不动地缠挂着，静静埋伏等待猎物的出现，甚至可以完全纹丝不动地等上几天几夜。当粗心的蛙、蜥蜴、鸟靠近时，它便突袭捕食。主要在夜间活动，常出没于溪沟水塘附近，夏季繁殖。

◎ **毒性与攻击性**：出血毒，因为数量较多，所以赤尾青竹丝咬伤人的比例较其他毒蛇高，七成以上的毒蛇咬伤事件都是它所为，幸好它注入的毒液比其他种毒蛇少，中毒症状也较轻微，而它的攻击性也不强，不碰触到它或弄疼它，是不会主动攻击的。

蛇毒

毒液对蛇来说非常珍贵，主要是用来觅食，所以绝不能随便使用。而人并非是毒蛇的食物，它们对人所采取的攻击行动只是为了驱离，而非致命的猎杀行为，有时是防卫性地空咬一口，并不会释放出毒液。

毒液对蛇的最大用处是迅速制服猎物。有些动物被捕时，会激烈扭动、撕扯，甚至啮咬，如果不用毒液使其在短时间内失去抵抗力，那么猎杀的时间拖得越久，蛇本身就越容易受到伤害，甚至使猎物脱逃。毒液可以麻醉猎物，也可以先行分解肉类蛋白质组织，让食物易于消化。一只中了蛇毒的老鼠，可在4至5天内完全被消化，如果未使用毒液，则需要12至14天。

蛇毒的结构十分复杂，含有四十几种特殊的成分，可概分为"出血毒"与"神经毒"两大类。

神经毒素主要作用于神经肌肉接合点，阻断神经传导，最初只令人觉得昏昏欲睡、肌肉无力、头昏、恶心、上吐下泻，局部肢体有麻痹现象，出现复视而眼皮下垂，呼吸与吞咽困难。被雨伞节咬伤者，咬伤部位不会有特别的痛感，但随时可能发生呼吸衰竭导致死亡，因注毒量与体质情况不同，有的咬伤40分钟后到2小时内发生致命的呼吸衰竭，也有24小时才发生者。眼镜蛇的蛇毒同时含有少量出血毒，咬伤处局部会红、肿、痛及组织坏死。

出血毒会破坏人体的血液循环系统，咬伤部位红肿、剧烈疼痛，严重外出血，皮下出血，表皮出现红肿与血泡红斑，而且毒液会随血液往心脏方向流动，而继续扩张，内出血会压迫神经及血管，产生组织坏死，毒素全身反应，伤害肝、肾脏，引起急性肾衰竭。百步蛇的注毒量最多，毒性扩散得最迅速，致死率第一；赤尾青竹丝的数量最多，保护色发达，是野外致伤率第一；龟壳花的蛇毒除了出血毒之外，亦含有微量神经毒。

台湾六大毒蛇中，只有锁链蛇被归类为混合型毒。锁链蛇非常稀见，咬伤个案尚无完整的记录，大多发生在东南部；被咬的部位，会一并出现出血毒与神经毒的特征：淤血、肿胀，少数有水泡、血泡，恶心、上吐下泻，呼吸困难，局部发生麻痹现象，肠胃、黏膜出血，血尿血便。当蛇毒严重扩散至全身时，会导致血管内凝血病变，出现全身性的大出血、呼吸衰竭以及严重水肿，横纹肌溶解、肝细胞坏死、肾衰竭产生。其中溶血与横纹肌溶解，更是加倍恶化肾衰竭，而急性肾衰竭的致死率高达20%以上。幸好它只局部分布在台湾东南部。

近代各国科学家纷纷投入蛇毒的研究与药理应用，中国台湾在蛇毒研究上具有很高的国际地位。早期，台湾第一位医学博士杜聪明先生，始创台湾蛇毒的研究。1985年荣膺国际毒素学会会长的李镇源博士，则是杜聪明先生的得意门生。蛇毒伤人，人尽皆知，蛇毒能救人，却没多少人知晓。若察看国际间各种医药相关组织的标章，将会有意外的发现，无论是政府部门、医药学院、医药协会或是大药厂，他们的代表标志有很多都是以蛇为主题，将蛇化身为力量与治愈的象征。

1 毒蛇

预防蛇类咬伤

在人人熟知的"白蛇传"故事之中，有蛇类怕雄黄味道的情节，因此雄黄粉常被许多人误认为是驱蛇、防蛇的有效方法。在野外营地的周围洒上一圈生石灰，也是一般大众的普遍常识。生石灰是一种碱，味道刺激，遇水会产生放热的反应而变成熟石灰，于是有人相信将生石灰撒一圈围住营地，一旦"身体湿滑的蛇"靠近，便会立即感受到"热烈"的警告，因此知难而退。不过这是错误且无效的认知。因为蛇的表皮是由一层干燥的鳞片所组成，不仅十分干爽，还具有防水功能，完全不会被石灰所灼伤，而雄黄的应用理论，更只是民间传说的故事而已。

预防蛇类咬伤最有效的方法是：与它保持适当的距离。被人所杀的蛇比被蛇伤害的人要多上几千万倍，蛇绝对比我们更想从对方的身边逃离。以下几点，无论是否可以防患蛇害，皆是身处野外时所应注意的事项，请参考：

1. 保持谨慎的态度，在较为原始及人迹罕至之处，一点点小差错都会造成伤害。

2. 穿着适当的服装：戴帽、备手套，着长袖衣物、长裤，穿着登山鞋最佳，或至少是运动鞋，而非凉鞋或拖鞋。

3. 在翻动石块、木片或大型遮物前，必须刻意"打草惊蛇"，并且注意翻动覆盖物的开口方向，切勿与人体正面相对。

4. 勿玩弄"死蛇"。已经死去的蛇还是能致人于死，刚死的蛇，神经系统依然会维持运作，在一段时间之内，都有可能因为反射动作而发动攻击，只要注入的毒素够强，一样会夺人性命。假死，听起来是只会发生在昆虫身上的事，可是在情势危急时，为了求得一线生机，有许多蛇也经常假死得有模有样：瘫软、翻身、张口、吐舌！而且假死并非无毒蛇或弱小蛇类的专利，有些大毒蛇也会有此行为，例如眼镜蛇。

受伤的处置

台湾陆地上的毒蛇，大都被人类捕捉得快要绝种了，因此受到毒蛇攻击的概率并不高。不幸被蛇咬伤时，请尽可能保持镇定，看清楚它的特征，试着分辨是被有毒蛇还是无毒蛇咬伤。毒蛇咬伤通常有一个至两个大而深的牙痕，无毒蛇的咬痕常可见四排细小的牙痕。若是受到毒蛇的攻击，更是需要保持心情的平静，紧张的情绪只会加速血液循环，而导致毒液扩散迅速，以下是就医前的紧急处置：

1. 镇定！

2. 记住被咬伤时间。

3. 不要奔跑或快步行走，放低伤部并加以稳定，这些行为能有效减缓蛇毒扩散。

4. 移除肢体上的束缚物，如手表、戒指、手环或紧身衣物，避免肢体肿胀后加重伤害。

5. 以清水或肥皂水冲洗伤口。

6. 在咬伤后2~5分钟内，迅速以弹性衣料在心脏及伤口之间给予压迫性包扎，以手指能伸入的空间为最适合的松紧度，并每隔15分钟松开1~2分钟，以免血液循环受阻而导致肢体细胞坏死。

7. 勿饮食刺激性食品，如酒、咖啡、茶，以免促进血液循环，加速毒液吸收。

8. 不可轻言放弃。咬伤后1小时内是施打抗蛇毒血清的黄金时机，超过8小时后血清效力会减低，即使如此，现代医学发达，咬伤后经过3至4天再施予血清治疗，仍有明显效果，不可轻易放弃。

9. 若确认为非出血性毒蛇咬伤，在冲洗伤口后，可施行刀刺排毒。使用消毒（以火烤或酒精擦拭）过的小刀，划破两个牙痕间的皮肤，并将伤口附近的皮肤割破数处，不断挤压伤口20分钟，迫使毒液随血而外流。出血毒会造成伤口出血不止，因此不适用刀刺排毒。直接用口吸吮时，必须保证没有口腔黏膜溃疡、龋齿等情况。在事先知道前往地点为毒蛇出没的地区时，应预先备妥"蛇毒排毒器"，此为最佳的排毒法。

10. 局部用药：预先备妥蛇伤药品，以防万一。

11. 人工呼吸：被神经毒或混合毒的毒蛇咬伤后昏迷者，旁人可采取人工呼吸法，维持伤者生机。

空中突击队——虎头蜂

秋高气爽，天地格外开阔，景物清朗，是最适合出游的旅游旺季。秋天风情浪漫，令人陶醉，却也有一些潜在的危险，不能不慎防，例如，超强烈的紫外线，或是脾气不好的虎头蜂。

除了秋季，在春夏之时，人们与虎头蜂相逢在野地里，它们总是自顾自的，向来也懒得多瞧人一眼。为什么秋天来了，虎头蜂的坏脾气就会跟着来？为什么一到了秋天，虎头蜂螫人的消息就会陆续传出？想远离蜂害，我们就得好好弄清楚虎头蜂与秋天之间的生态秘密。

春晓大地，新的一年又归零开始，刚从冬眠中醒来的虎头蜂后，着手筑巢、生养后代，巢房与蜂的数目逐日增加。到了万虫鸣响的夏季，食物丰足，不愁吃的虎头蜂扩建蜂巢的速度更是加倍的快，每一只虎头蜂都忙得不可开交，筑巢、觅食、顾养幼蜂……因此只能由几只老蜂负起简单的警戒工作。秋时，蜂群已达到极盛时期，蜂后产下了最后一批的卵，这些卵将孵化成蜂后，在安全越冬后，负责来年蜂群基因的衍续，而所有的蜂群，都会为了守护这批蜂卵而进入高度戒备状态。秋天

成了虎头蜂种群延续与否的关键季节，为了确保蜂巢的完整，虎头蜂把防卫的范围拉大，敏感地看守界限，越界者若无视警告，一律凶猛攻击予以驱离。

1. 台湾大虎头蜂是体型最大的虎头蜂。
2. 黄腰虎头蜂是最常见的虎头蜂，它的攻击性不强。
3. 黑尾虎头蜂经常单独行动，攻击性也不强。

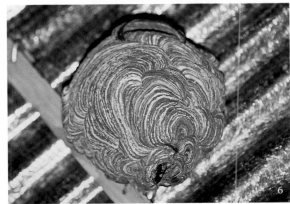

4. 黑腹胡蜂巢是野外最容易看见的野蜂巢，虽然攻击性并不强，但人接近蜂巢时，全巢的群蜂会抖动警告，如果继续靠近，则展开防卫性攻击。

5. 长脚蜂的巢是朝下开放。

6. 虎头蜂的巢是球状，而在下方留一个出入孔。

台湾一共有7种虎头蜂，包括黑腹虎头蜂、黄脚虎头蜂、黄腰虎头蜂、黑尾虎头蜂、台湾大虎头蜂、威氏虎头蜂、拟大虎头蜂等。

1. 黑腹虎头蜂最凶猛，在秋天，它的防卫半径有时超过50米，螫人致死的记录最多，筑巢于树顶。

1. 台湾大虎头蜂筑巢在地穴里。
2. 棕长脚蜂与虎头蜂体型大小相近，但毒性及攻击性都低。
3. 花蜂经常在花间觅食，是独行侠，攻击性弱。
4. 红脚细腰蜂会挖洞，把猎物藏入洞中，作为幼虫的食物。

左页大图：蜜蜂攻击性弱，但蜂巢受骚扰时也会群起攻击。

2. 黄脚虎头蜂个性也相当凶猛，常有螫人致死的记录，筑巢于树顶。

3. 黄腰虎头蜂是平地最常见的虎头蜂，常在人类住家的屋檐下筑巢，领域性不强，个性较温和，若人不骚扰蜂巢，很少会主动攻击，但是活动范围与人类多处相叠，因此最常发生螫人事件。

4. 黑尾虎头蜂大多生活在低、中海拔山区，族群数量小，攻击性弱。

5. 台湾大虎头蜂是身材最硕大者，个头比黑腹虎头蜂大上一倍，但平常的防卫半径只有3至5米，秋天时最凶猛的防卫半径也不过5至10米而已，惯于在向阳的地面或地穴中筑巢，蜂巢颇大，而且坚硬如陶，不易被破坏。

6. 威氏虎头蜂的活动地点是虎头蜂中海拔最高者，在海拔1400米至2500米间，可以看见它们巨大的蜂巢，高高挂在树梢上。

7. 拟大虎头蜂外形酷似台湾大虎头蜂，但体型较小。主要分布在海拔1000米至2000米的中海拔地区。蜂巢的外围虎斑状的斑纹特别明显。

2 虎头蜂

2

虎头蜂

在野外活动难免会遇到虎头蜂，请注意下列几点原则：

1. 不穿黑色或深色的服装。虎头蜂最容易对黑色产生反应，所以它们攻击时，总是冲向头部。

2. 遭遇虎头蜂攻击时，最忌脱下衣物在头上挥动，这样只会更加激怒虎头蜂，将引来更多的虎头蜂。也请勿将挥动的衣物抛开，虎头蜂是以味觉认人而非视觉，一旦被虎头蜂叮螫以后，它在你的伤口留下的毒液会散发费洛蒙的气味，费洛蒙是快速传递攻击信息的指引，其他的蜂会继续向同一伤口附近攻击，它们并不会被你所抛开的衣物引开。

3. 万一不幸进入禁区，遭遇虎头蜂的攻击，赶快把头缩入衣服中，护住头部，然后快跑离去。

4. 保持警觉，最忌莽撞与漫不经心。当察觉有虎头蜂接近时，立刻静止不动，观察它飞行的方向，加以判断蜂巢所在位置。如果虎头蜂在头上盘旋，要立刻慢慢蹲下，如果一次飞来两只，这表示你已相当靠近禁区，而虎头蜂也已发出警讯，此时要立即慢慢退出。

5. 勿把玩死亡的虎头蜂。虎头蜂的生命力非常顽强，即使它的头、身已经分离，攻击性竟然可以持续三十几个小时。虎头蜂的神经中心分为头、胸、腹三处，各自独立运作，所以当头与胸分离之后，头部的大颚仍可咬人，分离后的尾部毒针还是可以发动螫刺。

1

1. 蛛蜂专门捕捉蜘蛛作为幼虫的食物。
2. 虎头蜂的头虽与身躯分离，但仍然可以咬敌人。
3. 没有头的虎头蜂，仍然可以用毒针警人。
4. 蜜蜂叮人后，整个针与毒囊会留在敌人身上。所以要赶快把它拔除。图为毒囊、毒针及毒液。

2

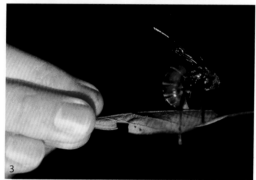

3

4

树上的虎头蜂蜂巢。

虎头蜂的毒性可区分成两种。第一种，是虎头蜂毒液的直接毒性。以一般体质估计，虎头蜂连续对人叮咬200次的毒液量，才足以产生致命的危险。冰敷是照护叮咬处最好的治疗方法，可以解除大部分的疼痛。第二种，蜂毒中的蛋白质会引起身体的过敏反应，造成血压下降、休克，有生命危险。此情况较容易发生于过敏体质者，有些医师甚至对他们建议，上山前先随身携带肾上腺皮质素和抗过敏消炎的类固醇及抗组织胺类药物，一旦被叮可以马上救命。

虎头蜂虽然对人类构成威胁，但在大自然中，它在生态平衡上的角色却颇为重要。虎头蜂的一生，几乎都把时间花在捕捉毛虫喂养幼蜂上，因为它的幼虫以其他昆虫为食，特别是毛虫。在一个虎头蜂巢境内的数百米，甚至一公里的范围内，毛虫的数量会减至最低，而不会造成虫害。这点对大自然的生态平衡与农业发展都非常重要，自古聪明的农夫就利用饲养虎头蜂来防治果树上的害虫。

除了虎头蜂外，长脚蜂、黑腹胡蜂、红脚细腰蜂、蜜蜂、花蜂、蛛蜂……都会螫人，只是它们的攻击性与毒性都比较弱，除非直接威胁到它的巢穴或是攻击它，否则它们是不会主动攻击人的。

外籍兵团——火蚁

台湾本土产的火蚁有两种：猎食火蚁与知本火蚁。族群都很少，对人较不具威胁性。但是在频繁的国际交流之下，2003年9月，桃园地区发生了台湾第一起外来种红火蚁伤人事件。红火蚁的毒性对人体伤害颇大，其毒素是没有解毒剂的，因此预防红火蚁毒害的唯一有效方法只有"远离"。

辨识红火蚁最快速的方式是它们筑成塔状的蚁巢，因为台湾没有一种蚂蚁的巢穴会高筑10厘米以上。红火蚁喜欢在充满阳光的土地上建造蚁塔，新形成的蚁巢在半年后逐渐成熟，开始出现蚁丘，高约10~30厘米，宽30~50厘米。火蚁数量与蚁巢的拓展均非常迅速，3年后可在地上形成1米的高塔，而地下容积则达到4立方米。红火蚁以各种小型的无脊椎动物为主食，腹部饱满的类碱性剧毒是它们麻痹猎物的捕食利器，防御性与攻击性均十分强烈，行动非常快速，估计10秒内能移动6英尺。

红火蚁对人攻击的方式是先咬后叮，以大颚用力地啃咬人的皮肤，接着以腹部毒针注入毒液。患部会产生如烧烫伤的红肿疼痛，数小时后则出现奇痒难耐的无菌性脓疱，切勿抓破脓疱，否则易并发蜂窝性组织炎及败血症。此毒素有局部组织坏死及溶血的毒性，如果被叮咬情形严重，会导致全身抽筋、呼吸困难、昏晕呕吐、急性肾衰竭，甚至死亡。

蚂蚁虽小，但也有让人闻之退避三舍的。除了来自南美的红火蚁，还有南美的行军蚁、咬到对方就绝不松口的澳洲刺牙蚁，以及分布在亚洲的织蚁，都是让人害怕的蚂蚁，幸好台湾没有。

台湾土产的蚂蚁之中，最凶悍的是针蚁，一被叮咬，伤处刺痛无比，要经过好几天才会消退。小侦探们最好要多认识它们，因为在野外跟它们相遇的机会不少；万一被叮咬，使用尿液涂抹，非常有效。

1

2

1. 被最凶悍的针蚁叮咬，伤处会刺痛好几天。
2. 腹部饱满的类碱性剧毒是红火蚁麻痹猎物的捕食利器，小心别被它叮咬到。（摄影：彭永松）

身怀毒素——隐翅虫

溽热的夏夜，人们穿着清凉的夏衣，伴随着悠悠的虫声入睡，常有人一早醒来，皮肤莫名地红肿、烧痛，还长着水疱……面对这来路不明的伤口，不知情者将这一切怪罪于长脚蜘蛛，以为这是被长脚蜘蛛撒尿的结果。其实，真正的罪魁祸首是一种微小的绿翅蚁型隐翅虫。

隐翅虫的种类超过3万种，体型娇小，身体只有0.5厘米长，0.2厘米宽，生活习性隐秘且行踪成谜，人类对于隐翅虫的了解并不多。3万多种的隐翅虫之中，与人类生活最直接相关的可能就是绿翅蚁型隐翅虫。它们喜好栖息在草原或稻田间，如果栖地受到伐木、除草等干扰时，就会倾巢而出。当它们被住家屋内的灯光吸引时，平时防虫通风的细纱窗、纱门，都阻止不了娇小的它们的通行。如果它们爬上无布料遮盖的人体，便会立即造成接触性的皮肤炎。有时步行在林间，偶然与飞行中的隐翅虫擦身而过，即使只是一瞬间的接触，也能使人感受到激烈的痛楚，仿如刀割，又像是被燃烧中的烟蒂触烫一般。

绿翅蚁型隐翅虫对于人体的毒害，并非直接叮咬所导致，它体内含有一种叫做"青腰虫素"的毒性物质。当虫爬行时，其关节腔中会分泌出富含青腰虫素的体液，立刻引起线状的皮肤病变。如果人们因反射动作将它捏死，大量的毒液便会释放出来，受到沾染的皮肤会形成更大面积的糜烂，产生痊愈缓慢的坏死性红斑，此时最忌将已沾染毒液的手指再接触他处皮肤，如此将会使毒液再次扩散。

隐翅虫的体型娇小，身体只有0.5厘米长，0.2厘米宽，人们常与它擦身而过而不自知。（摄影：彭永松）

毒毛虫

野地刺客——毒毛虫

毛毛虫是大自然界中的一个"弱势团体"，在羽化之前，只能在枝叶间缓缓移动。为了躲避各种天敌，它们发展出各式各样的避敌绝招：伪装、仿冒、恐吓、毒刺、集体行军等。在千变万化的各种招式之中，它们对付人类最有效的就是让他们"或疼或痒"。这些个头虽小，但令人疼痒功力高强的毛毛虫，我们通称"毒毛虫"，它们虽然不会对人体构成生命威胁，但是接触到它们的毒毛，却能让人疼痒难受好多天，这类令人敬而远之的毒毛虫，有刺蛾、毒蛾、枯叶蛾三大类，除此之外的毛毛虫大多无毒。

刺蛾毛虫的身材粗圆短小，有的体型椭圆，像龟或鳖，有的像玩具电车，体色鲜艳，一般都不是环境周围会出现的自然色彩，而是出色抢眼的复合色，让人很容易看见它，一看就知道它大哥的身份——不好惹！

刺蛾全身都长着含有强酸毒液的棘状突刺，毒液从毒腺细胞分泌出来，如果我们碰触到它，刺蛾毛虫的棘状尖端就会折断，毒液外溢，我们的皮肤立刻会像被火炙伤一般红肿痒痛，刺痛感会一直持续好几天。

刺蛾毛虫一般较短、胖，大部分看起来像是花哨的玩具电车，有一小部分为椭圆形近似飞碟。它们大多有明显的棘状突刺及诡异的色彩，好让其他动物看见而避开它。

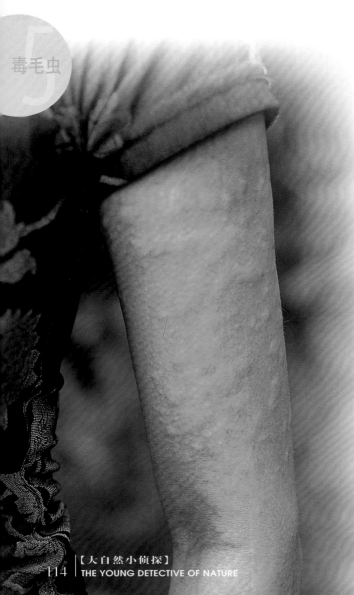

毒毛虫

夏天是毒蛾毛虫最多产的时节，毒蛾类的特征是背上有着三束或四束突起的毒毛，尾部上方也有一束，速记法为"三或四加一"的毛束。背上的毛束原本无毒，只有尾部的那一束才是与毒腺相连的毒毛，但是它会后仰，让背上的三束毛与尾部上的毒毛摩擦接触，这样就全部沾染上毒液而成为毒毛。毒蛾的毒毛很细，易脱落、随风飞散，极易插入敌人的皮肤引起皮肤过敏、发炎。人类冒汗的体表，一旦遇上随风而来的毒毛，紧紧粘贴着，也会感受到同样的疼痒难耐。

为了避免毒液干涸或不新鲜而降低毒性，每隔一段时间，或是它觉得环境有状况时，就会仰折上半身去沾濡新鲜的毒液。受到惊扰的毒毛虫会突然拱起背部，怒张毒毛随时应战，这些动作也成为毒蛾毛虫的特殊行为。

毒蛾毛虫最明显的特征就是背上有三束或四束颜色特别显著的毒毛，这毒毛很容易脱落而随风沾上皮肤，让人产生过敏而刺痒难受。

　　枯叶蛾的毛虫，身体很长，体格相当硕大，头两侧有两撮如角的长毛，背上每一节都有一束毒毛。它的毒毛是一束一束等距离分布在背脊上，平常可以收缩隐藏，一旦有风吹草动，立刻露出毒毛。枯叶蛾毛虫的毒性远不如刺蛾与毒蛾，但它的毒毛较长、较硬，且易断，一旦刺入皮肤还不容易清除。

　　当我们的皮肤被这三种有毒的毛虫所伤时，最简便有效的治疗就是以氨水（阿摩尼亚）来擦拭，因为氨水可以中和毒毛所具有的强酸性。万一找不到氨水，尿液是不错的替代品。进行毒性中和之前，若能先利用胶布将大部分毒毛粘去，缓和发炎症状的效果会更佳。

枯叶蛾毛虫一般体型很大，最大者可达近20厘米，它的体色近似树皮，白天大多贴着树皮不动。它身上的毒毛平常隐而不显，危急时才竖立起来，但毒毛不会随意脱落，只有不小心直接压上去，才会刺入皮肤。

小小吸血鬼——蚂蟥

蚂蟥，这种小东西平常身材不过像根小火柴，缩起来也只有一粒黄豆般的大小。无论我们把裤管、鞋袜如何严密扎紧，它还是有本事钻进来。它的体内大部分是贮存待消化血液的侧盲囊，一次可吸存的血量是它的2.5~10倍重，所以一旦它吸饱血液之后，小火柴骤然暴涨成10倍，有如食指一般粗长。

蚂蟥通常都埋伏在树叶或杂草上，身体两端各有一吸盘，先将尾端的吸盘吸附在叶片上，然后把身体拉得细细长长的，全身在叶片上像根灵敏的天线，发达的化学感受器往四面八方转动着，以探测四周是否有动物经过。只要嗅到有动物靠近，

它会立刻攀附到动物的身上，用带有利齿的颚，精细地切开动物表皮，同时注入麻醉剂与扩张血管的类组织胺化合物。进行吸血时，再分泌一种抗凝血的蛭素，可使动物伤口的血与吸入体内的血保持液状。不凝结的血，既有助进食，亦有利消化吸收。

蚂蟥吸附人体时，一般不易察觉。有一次我蹲下来拍摄地面上的昆虫，只感觉到雨滴不断落在我身上，后来有一滴打在脖子上，并往下流动，我用手指想把它擦干，才赫然发现竟然是一条蚂蟥，这时我才知道那一阵雨滴全是朝我落下来的蚂蟥群。而当它们"酒足饭饱"离去之后，被

吸过的伤口，不但继续流出许多鲜血，而且当初它切开皮肉时所注入的麻醉剂逐渐消退，此刻伤口才开始感觉到疼痛。

除了引起疼痛与血液流失之外，蚂蟥更主要的是带来精神上的压力。不痛不痒地侵袭人体，一切都在不知不觉中进行着。我在婆罗洲雨林曾被这种小吸血鬼弄得杯弓蛇影，疑神疑鬼，即使被我抖、弹、拍、打，落至地面，它们仍死命地攀爬上我的鞋子、裤管，如此的固执与一心一意，真令我敬畏！几天后我才麻痹下来，自我安慰地想："反正它们吃饱了就会走……"

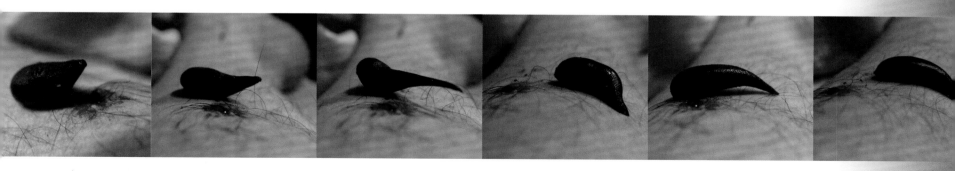

山蚂蟥分布甚广，热带、亚热带湿润无人迹、无污染的野地常有它们的踪影。它们有两种：一种颜色较红，总在叶片上等待动物经过而攀黏过去；另一种颜色褐黑，躲在落叶间，等动物走过而从脚攀爬上去。

世界已知的蚂蟥种类约600种，在台湾的森林中，蚂蟥可概分为水蚂蟥与山蚂蟥。两者的活动均与潮湿、温暖的环境密切相关，其中，山蚂蟥出没于中低海拔山区阴湿、草叶茂密处，通常都埋伏在落叶和矮草上，进入潮湿而又野草夹路的地方要特别留意；水蚂蟥则多生活在沼泽、池塘、野溪、泉水中。还有一种非常细小的蚂蟥（又称鼻蛭，内侵袭性的蚂蟥或寄生蚂蟥），人或家畜在喝水或玩水时，这种蚂蟥会入侵到体内，并寄生在鼻腔、咽头、呼吸道、食道、尿道及阴道中，但不会进入胃肠，也不会在体内繁殖。

科学家曾经对蚂蟥的抗凝血成分投入积极的研究，发现外科手术时，在术后血管发生血流堵塞的伤口处，置放蚂蟥以吸血，能有效帮助血流通畅，再者，将其应用于血栓症患者的治疗也十分顺利。如今，科学家已经成功研制出以蚂蟥为蓝本的抗凝血剂。此外，蚂蟥还可作为水域污染的指标，我们还可以利用它对湿度与温度的敏感性来辅助预报天气。

有许多的动物、植物，在我们还未发现其重要性以前，就被我们弄得灭绝了。也许它们对我们的经济没有多大的影响，但说不定是解开自然奥秘的关键物种，或是治疗癌症、艾滋病的特效药材，谁知道呢？自然界中充满着神奇！人类对于大自然的所知仍然是九牛一毛，但是这"九牛一毛"已经能为人类的生活带来如此丰富的助益。就让我们怀着敬畏与感激的心来一起认识、关怀大自然吧！

1. 水蚂蟥生活在干净的山区水域，利用动物喝水时攀上，再潜入其鼻窦中居住。由于环境的改变及污染，水蚂蟥已经濒临绝种了。
2. 山蚂蟥在吸血前会注入抗凝血剂以利吸食，等它吸饱离开后，血液还会继续缓缓流一阵子。

毒素上身——芫菁

芫菁是常见的昆虫，特别是常有成群大发生的现象，春夏两季时在一般平野地区就很容易发现它们。目前所知有4种：少见的大红芫菁、黄黑相间色的横纹芫菁、红头黑身白细纹的条纹豆芫菁、红头黑身的豆芫菁。其中豆芫菁的分布可达中海拔地区，也是郊外最容易见到的一种。芫菁虽属甲虫的一种，却是翅鞘柔软，相貌或体型看来十分普通，不过因为它的体内含有毒素，动物吃了便会中毒身亡，因此芫菁的天敌很少。当芫菁感受到威胁时，会从腿节末端分泌出具有强烈刺激性的"芫菁素"。人类的皮肤一旦接触到"芫菁素"，会立刻引起过敏、红肿、水疱，所以豆芫菁又称"起泡甲虫"。芫菁的形色相当容易辨认，下次如果和它在野地相遇，记得千万不要对它动手动脚喔！

豆科植物、茄科植物、有骨消以及少数的蕨类植物都是芫菁的食草，每当芫菁大发生的时候，总是因食性大发而为害作物，因此芫菁常被农人视为害虫。但是，它也是自古以来中药里常见的药材——"斑蝥"，现代医药学则取它的"芫菁素"来制作利尿剂、发泡剂、生毛液等。所以益虫与害虫全是人类自私的观点，对大自然而言，每个生命都是重要的好角色。

1.横纹芫菁
2.豆芫菁

多足毒客——蜈蚣、蚰蜒

蜈蚣与蚰蜒是野外常见的动物，有时也出现在庭院和屋内，属于节肢动物门多足纲的成员，主要特征是：具有许多对的步足、一对长长的触须、一对大颚和一对毒颚。看来坚硬的外壳，却缺乏防水与保湿的功能，不耐干燥，因此白天时多处于阴暗潮湿的环境，晚上才出来觅食。它们是行动迅速的肉食主义者，以蜘蛛及昆虫为食，猎食能力很强，可平衡蜘蛛与昆虫的数量。毒颚由身体的第一节步足特化而成，会释放毒液，是捕食与自卫的利器，其毒性对人体作用不强。人遭到咬伤后会

引起刺痛肿胀，一般并无大碍，但是具有过敏体质的人，可能会引起发烧、呕吐，甚至过敏性休克，所以应小心观察伤后状况，勿过分大意。

蚰蜒的触须和步足都比蜈蚣更加细长，幼虫步足只有7对，随着成长而逐渐增加，成虫时具有15对步足，由数千只单眼共同组成一对复眼，它的攻击性不强，毒性也弱。（下图）

蜈蚣多为黑褐色，身体扁长，每一体节都有一对粗短的步足，至少21对以上，幼虫与成虫步足数目相同。视力不佳（只有4对单眼），由发达的触须负责搜捕猎物、寻找栖所。（右页图）

锹形虫

9

巨螯利颚——铁甲兵团

大自然中有些生物没有会螫人的毒针，也没有毒毛毒液，却有强而有力的巨螯来夹痛敌人，例如螃蟹，当你抓它时，它的大螯绝不会手下留情，被它夹住一定会让你疼得哇哇大叫。

此外，椰子蟹的巨螯非常尖锐而有力，会刺入你的肌肤，绝对能让你从此对它敬而远之。

昆虫的大颚大多是用来咬树皮，或剪断叶片的纤维，所以也是要小心，如锹形虫，大颚像鹿角或钳子，其中有些品种具有较短的大颚，就必须要更加注意小心，因为牵涉到力臂与力矩的力学关系，短颚比长颚更有力气，一不小心被它咬住还不容易松开喔！天牛、螽斯，甚至甲虫的幼虫——蛴螬（俗称鸡母虫），这些不起眼的小家伙，也都有尖利的大颚，目的当然是要给敌人一些颜色瞧瞧。所以，下次有机会在野外看到它们，尽管欣赏，但不要动歪脑筋，随意动手去捕捉，万一遭受攻击，会让你非常难受喔！

1. 黄纹天牛的大颚让敌人知难而退。
2. 锹形虫的大颚看起来很恐怖，而且颚越短力道越大。
3. 椰子蟹的巨螯尖锐有力，让你无法将它抓起。
4. 鸡母虫的大颚也会咬得人大叫。
5. 螽斯咬起人来也会皮破血流。
6. 螃蟹的螯可以把人夹得哇哇大叫，此为陆蟹——毛足圆轴蟹。

酸味退敌——鞭蝎

　　鞭蝎是夜行性昆虫，大多活动于森林底层的枯枝与落叶堆，尾部细长如鞭，但不具蝎子的毒针功能，长得很像蝎子，却不是蝎子，鞭蝎因此得名。时常高举着一双粗短有力的螯，是搜捕猎物的利器，在感受到威胁时，会高举尾部恐吓敌人，甚至会释放出一股刺鼻的醋酸味，使敌方无法忍受而离去。

1

2

1. 鞭蝎看起来有几分像蝎子。

2. 蝎子的尾针毒性颇强，不只令人疼痛难当，有些人甚至会休克，若不急救也有可能会致命。

Lesson6 野外恐怖分子

我是冒牌货——虚张声势的伪装

有些生物本身没有自卫的武器，而采取虚张声势、狐假虎威的方式来欺骗敌人，它们装扮成那些有厉害武器生物的样貌，让敌人误会而避开，例如梅花蛇是一种无毒的小型蛇，它的肤色就是仿冒有剧毒的雨伞节，遇到危险，还摆出一副很凶很毒的样子。因为是伪装的，所以太紧张时还会弄错方向。

食蚜虻常爱在花上捕捉蚜虫，但它并没有武器可以自卫，于是有些会打扮成常在花丛中出没的厉害角色——蜜蜂，让敌人不敢惹它。

像这种仿冒狠角色的办法来退敌的生物相当多，也为自然侦探的工作增加不少趣味，可以顺便做测试，看自己是不是一个常被这些小生物吓唬的笨侦探。

伪 装成毒虫的红腹鹿子蛾。

伪 装有蝎尾的举尾虫，又名蝎蛉。

伪 装成蜈蚣的马陆。

伪 装成虎头蜂的螳蛉。

伪 装有对尖颚的蟋蟀。

伪 装有剧毒的瓢虫。

伪 装凶恶有毒的攀蜥。

仔细观察
这里11种蛇类之中
哪些是有毒的？
（答案见下页）

仔细观察
这里10种毛虫之中
哪些是有毒的？
（答案见右下角）

① ② ③ ④ ⑤ ⑥ ⑦ ⑧ ⑨ ⑩

知道正确答案吗？前一页的蛇类中，只有图1百步蛇、图7龟壳花、图8赤尾青竹丝是有毒的，不要认错喔！本页里的毛虫虽然各个面目狰狞，但都是没有毒的，别以貌取"虫"喔！如果你都答对了，表示你已经有资格做一个自然小侦探啰！

侦探速成教室
Lesson7
不会动的敌人

不会动的敌人 ——危险植物

野地游踪时若能收获蕴含野性与灵气的野果、野菜，是相当令人惊喜的意外美味，"美食"与"不可食"需要相当清楚地辨知，一旦误食或食入过量，造成的伤害同样令人永难忘怀。因此，对于不熟悉的植物，保险的做法是切莫轻尝。

具防水功能的姑婆芋，是野外应用性极佳的植物，盛产在台湾森林各处，挡雨、包裹物品，搭建野外急难帐，更是不可缺少它。这么好的天然素材，食入性的应用则千万不可有它。姑婆芋全株毒性大，富含生物碱，一旦食入会立即引发喉咙刺痛，接着舌头肿胀，口腔黏膜组织发炎，口腔产生麻木感，更甚者，说话、吞咽、呼吸都会有困难。

在姑婆芋的使用上，我也曾因为大意而招来麻烦。在一次的无具野炊中，将姑婆芋叶层层包裹洗好的生米，置于炭火上炊饭。饥肠辘辘才吃下几口，立刻觉得口腔不适，喉咙的刺痛也逐渐强烈，赶紧找秋海棠茎来嚼食，以它的酸性来中和碱性，但也让我难受不已。

食入姑婆芋中毒，产生的刺激作用是立即

性的，因此通常误食量不会太大，但一般仍不建议催吐，否则将会造成食道、喉咙的二次伤害。以牛奶或冰凉的水漱口后，口含冰水以减轻疼痛即可。皮肤、眼睛因接触汁液受害，则以清水冲洗。

秋海棠种类多，而且分布广，不但可以作为野炊时醋的替代品，更可用来缓和姑婆芋、咬人猫、咬人狗的毒。

姑婆芋生长在热带、亚热带阴湿的山野地区，叶子可用来做挡雨的工具，也可以作为野炊的包覆材料。但是，请注意，最里层要另外使用香蕉或野芭蕉叶来包覆，千万不可直接用姑婆芋叶！否则，微量的生物碱会渗入食物，将引发食物中毒！

野外活动中最常让人难忘的大概是被咬人猫刺到，它造成的疼痛，只有受过害的人才能体会，实在太痛了，而且是历久弥新。所以，有经验的人还称它咬人蝎i

除了食用过量或误食引发的食入性中毒之外，有些植物仅仅只是接触就能令人中毒受伤，以下几种较易遇见，必须小心：

咬人猫，为有毒植物，叶片表面长有稀疏的毛刺，人体一旦触及其叶片，立即感受到有如被蜂螫般的痛楚，而且皮肤发炎的状况将会持续一段时间才会缓和。咬人猫分布在海拔500至2500米的潮湿处，有时平铺于路面生长，有时则长在山壁上与人同高，因此，山野行进时，可别随意空手拨弄杂草，对于特殊的植物，也不应随手摘取。

咬人狗，它的叶也具有毛刺，是一种小乔木，生长在中南部低海拔山区。人们前去接触它，通常是为了撷采它的果实。它的果实呈半透明果冻状，小巧成串，味道甜美，不过撷采果实时我们的皮肤如果触及叶面，也会产生疼痛并发炎。

山漆、台东漆的汁液会让人的皮肤过敏，导致发炎红肿，令人痒痛难耐。秋冬时期，叶片转红，相当美丽，但是撷取时若不小心，一旦沾染到树汁仍会产生过敏。

1. 咬人猫的毒刺遍布叶面，毒刺中含有毒液，刺入皮肤会立即折断而流出毒液。
2. 咬人猫的茎上毒刺。
3. 幼株的咬人狗燉毛较多，也最易让人碰触到而伤人。

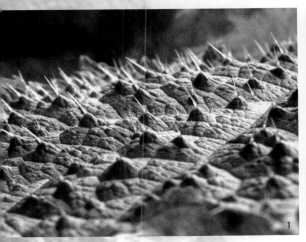

1　2　3

Lesson7 不会动的敌人

有些植物的构造特殊会伤人，必须小心。植物中有许多具有细毛者，脱落的细毛如果刺入皮肤，也会引起轻度发炎、疼痒，例如葛藤茎叶上的细毛。以尖刺来保护自己，是植物最常见的例子，尤其是藤本植物的刺常有倒钩，很容易钩伤眼睛。

芒草、油草的叶缘锋利，只要皮肤在它的叶缘处轻轻滑过，会造成犹如"拉锯子"的作用力，造成割伤。

食茱萸是野外最实用的香菜，入汤拌面香味十足，但是植株上遍布尖刺，不小心采集则容易刺破手指。

如此看来，植物还是具有危险性的，但流血事件只发生在大意的人身上，只要你认识它，就能保你平安，因为至少植物不会像野蜂一样追着来螫人！

1. 李氏禾广泛生长在湿地或水渠边，全株遍生会令人疼痒难受的纤毛，叶缘更是薄利，虽然只会微微割破表皮，但因毛具有微毒而会带来后遗症。
2. 仅仅穿短裤走过湿地，李氏禾就在小腿上留下了不少明显的伤痕。

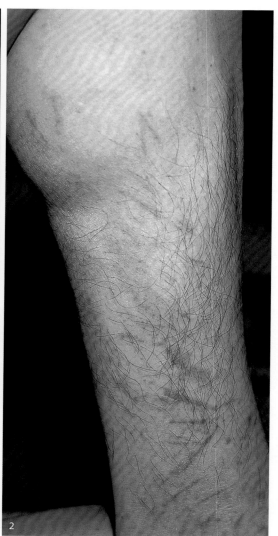

图为李氏禾与长梗满天星（开白花者）
在沼泽中滋长。

Lesson7 不会动的敌人

1. 长成大树的咬人狗结着半透明的乳白色果实，这是可以生食的野果，但采集时要注意叶面的焮毛，不过成树的咬人狗焮毛就大为减少，幼株时期焮毛较为发达。

2. 黄藤广泛生长在热带、亚热带林野，叶片尾端特化成钩刺，人们穿越密林时很容易被钩刺所伤。要特别小心眼睛。

3. 刺是很多植物的防御武器，刺若留在皮肉下，虽然无大碍，但也是令人极为不舒服的。

1

2

3

侦探速成教室
Lesson8
危机四伏

Lesson8
危机四伏 ——危险的情境

在大自然中有几种状况会造成野外活动时的危险，例如起雾时在森林、高山草原或芒草原就非常容易迷路，在过去曾发生的山难之中，就有好多例子是在雾中迷路导致悲剧的发生。

大雨容易造成身体的湿冷，如果在高山或在冬天，都可能使人因失温而休克，甚至冻死。大雨有时使山涧的水流突然变大，甚至演变成山洪暴发，冲毁小路，容易造成行动困难而受伤，甚至将人冲走。所以在野外遇见大雨，要仔细地审视自己所处的环境，作最适当的处置。

强风也常造成意外的伤害。每年秋冬，恒春半岛大半时候都吹刮着强烈的落山风，我们经常会在几处风口看见被强风吹落的汽车，通常被吹落的是受风面大而重心高的厢型车（面包车）。所以刮强风时要避免在海边活动，特别是要避免在海崖上活动，这里风大，地势险峻，人们很容易因强风而失足落下。

1. 夏天的暴雨能在短时间内让溪流暴涨成山洪。
2. 夏天下雷雨时要避开落雷区。
3. 台风或强烈的东北季风常在海崖、风口形成可以将人甚至汽车吹落山谷的气流。
4. 积雪的陡坡最容易产生雪崩，要格外小心。

覆盖着白雪的山坡，让人难以察觉雪下的坑洞与裂缝，极易使人陷落而产生危险。

豪雨造成的泥石流，往往对人们的身家性命造成很大的杀伤力。

夏季登山要注意台风的消息，如果人已经在山上，而台风突然来袭来不及下山，最好找地方避风躲雨。台风带来的强风可以把人吹倒，衣服若被风雨淋湿、渗透，人很容易因失温而休克。

夏季时常发生雷雨，在此时要赶紧避免自己成为当地最高点，所以在高尔夫球场就很危险。避雨时，也不要站在独立的树下，如果这棵树是此地的最高点，当雷击中它的时候，树下的人也会同样遭殃。

夏季野外活动时还要小心另外一种伤害，就是中暑与高紫外线的过度曝晒，所以特别要注意携带足够的饮水及适当的遮阴。越少在野外活动的人，身体的适应能力就越差，中暑的机会也就越高。

1. 河水泛滥，暗藏危机。
2. 山溪虽不深但流速急，产生的冲击力大，很容易把人冲倒致使其溺水。

Lesson8 危机四伏

　　台湾岛非常年轻，地质松且地层不稳，容易造成土石崩落，尤其是在峡谷或悬崖底下，要小心落石。过去在南投县的太极谷，便曾发生因落石而压死一群游客的悲剧。野外扎营时要特别注意地形，即使是去住山庄或民宿，这点也要考虑到。特别是台湾位于地震带上，更要格外注意地形地势。如果出去旅游，要先多研读当地的资料，如雪崩、沙漠风暴、飓风、龙卷风等相关的信息。

1. 暴雨造成山洪而淹过桥梁，水退去时，桥面留下满目疮痍。

2. 在"9·21"大地震中，碎裂的山坡令人触目惊心。

在海边活动时要留意巨浪，常有乍然
涌来、俗称"疯狗浪"的大浪。

沙漠风暴来袭，让人鼻目难受、呼吸困难，并造成方向的错乱。

虽然大自然有其危险，但相较人类从自然中所得到的收获，那简直是九牛一毛。并且，这些危险相对而言能刺激我们的感官，使我们头脑与身体的反应不致退化，更能使我们体会到生命与自然的奥妙。这也是为什么西方国家有那么多的人喜欢探险大地、深入蛮荒，那种精神与人生的丰富，绝非那些从不深入大自然、从不探险的人可以体会得到的。因此，我们要让孩子从小培养自然观察与深入自然的能力。水也有危险性，但我们无法永远避开水，所以不如主动了解水，学会游泳、潜水、操舟，从此就不用再惧怕水，也有能力亲水，如此我们的人生也就更加丰富与开阔。

1. 一线天峡谷，风景壮丽迷人，但要非常小心落石。
2. 陷入芒草原里也容易使人因弄错方向而受困。
3. 起雾时非常容易让人迷路，所以事前要选定几个显著的目标作为地标。

1. 火炎山砾石层形成的山谷是一个危险地区，应避免进入。

2. 三义火炎山风景独特，非常吸引人，但也是一处内藏危机的地方。

泥岩地区稍有下雨，表面就会滑溜，极易让人滑落山谷而受伤。

有些沼泽看起来水并不深，却暗藏陷阱；底下的泥泞深软，脚陷下去要拔出来很困难，而横生的水草更容易将人绊住。

侦探速成教室

Lesson9
荒野大侦察

自然小径的观察

在我的住家后面有一条山径，是我经常从事自然观察与体验的地方。

小径的起点，开始于一小片蕨类与灌木的杂生地，接着进入一片次生林，再斜入一块稍微平坦，生长着野姜花、五节芒及野牡丹的谷地，然后借着跳石越过淙淙小溪到达对岸。小径沿着山谷中居民所种植的茭白笋湿地边，上升接入一片油桐林。

20年来，我无数次走过这条小径，记录着它的四季变化与轮转。我每个月来，每周来，

温暖的春天来，凉爽的秋日也来，几乎每天都来。来的时间大多是白天，有时是晚上，特别是那动物最活跃的仲夏夜，我一定会来。晴天来，阴天也不忌讳，起雾的时候尤其令我喜爱，这是欣赏风景与蜘蛛网的最佳时刻。

台风过后，我也一定会来，看看这条步道有哪些改变。常会发现有些我所熟悉的树木倒了、断了，这些通常都是先驱树种，例如山黄麻、相思树、白匏子等，但我每年也会发现一些新树苗的出现，有香楠、树杞、山红柿、薯

1. 初夏的野牡丹花笑靥迎人。

2. 起雾时，蜘蛛网变得更醒目。

3. 早春的山胡椒开满一树小花，飘送淡淡芬芳。

春天薄雾迷漫，树姿迷人，小径左方
的青枫舒展着青嫩的叶片。

蓝鹊与树鹊常混在一起，数数看它们各有几只？

豆、木櫃子、乌心石……

我记录了一年之中野花开放的景况，不只因为野花美丽或芳香，它们与许多昆虫的出现，关系至为密切。

一、二月是申菝、乌心石、山胡椒开花，二、三月是大花细辛、通泉草，三月有哼哈花、乌来月桃、瓜馥木，三、四月有香楠、樟树、血藤、雅楠，四月为莢迷、华八仙、油桐、鱼藤，五月可见到山黄栀、相思树，五、六月为月桃、野牡丹，六月有水金京、山红柿，七月是白鹤兰、兔尾草……信手举来便有这么多的例子，可见我对这条小径熟悉的程度，也反映出步道植被丰富。

一年中各种野生动物的出现就更为精彩，从哺乳类、鸟类、两栖爬虫类到昆虫，不只不同种出现在不同的季节，也常发觉新出现种，例如10年前，未曾发现过蓝鹊踪影，而近三四年就有一群蓝鹊在次生林里栖息。它们常跟树鹊混在一起活动，它们同属于鸦科，与乌鸦一般性情凶悍，育雏期间，蛇、鼠，甚至蟾蜍都成为它们喂食雏鸟的猎物。

秋冬之际，白头翁、红嘴黑鹎也分别聚集成群，为数从十几只至上百只。到了寒流来袭时，常可见从中高海拔下来此地避寒的鸟类，像小卷尾、灰喉山椒鸟、红头山雀……

1. 山红柿的花瓣小而厚，落在地面的枯叶上，发出如下雨般的声音。
2. 华八仙是早春的"报春花"。
3. 白鹤兰在盛夏绽放。

　　昆虫数量也不少，即使是最冷的冬天，也不难看见，像盾背椿象、黄粉蝶等会在冬夜成群羽化。每年都有新出现的昆虫，蛾类尤其多，有些种类甚至在图鉴上也查不到。

　　暮春、初夏的夜晚，我常去拜访蛙族与蛇类，我记录到16种蛙，拍摄到它们唱情歌、打架、产卵、长成小蝌蚪等，记录它们的生命历程与活动。此外，我也记录到15种蛇在这条小径上出没。有时我让社区的小朋友跟随，这常成为他们津津乐道的探险经验。

　　2001年，我在小径上发现鼬獾的出现；2004年仲夏夜，我看见穿山甲在枯木上挖食白蚁。我知道这片林地正在恢复生机。我期待在有生之年可以看见野猪、台湾猕猴、白鼻心以及山羌回到这条小径。

1. 四月的小径上，铺满了白色的油桐花。
2. 草茎上，蠊虫的幼虫——蚜狮正在捕食蚜虫。
3. 黑端豹斑蝶正在小径边的大花咸丰草上吸蜜。
4. 模仿枯叶的瘤蝗。
5. 台风过后，翅膀受损的水青蛾。

深秋之时，青枫叶转成鲜红，自有另一番风情。

一棵大树的观察

为什么我们要观察一棵树？我曾经不止一次这样被问到。

其实一棵树，不仅仅是一棵树而已，常常是一个小型的自然生态系，其中的复杂、精细，往往超过我们的想象，甚至可以达到一种完美的生态和谐。因此，就让我们从观察一棵树开始吧！

树的外形是由基因与环境来决定的，例如针叶树的树形会呈现塔形，先天的基因让它的主干容易长得粗壮高大而侧枝较短，而生长过程中，厚雪的压覆及强风的袭剪，使得它长成尖塔状的树形。但是一棵生长在热带的大树，它的树形便形似一把雨伞，因为这样才能争取到最多的阳光。

自然环境造就了树的外形外貌，我们就以观察一棵台湾最常见的榕树——大叶雀榕为例子。在雀榕的成长过程之中，如果没有受到邻近树木的影响，它的树形大致会呈现伞形。如果邻近的树木靠得很近，为了争取阳光，彼此的枝干便会朝不同方向生长，树形因此有了改变。

再来仔细观察雀榕叶子的形状、颜色、厚薄，看看它何时落叶，一年落叶几次。再注意瞧瞧有哪些昆虫会来吃它的叶片，什么时候开花结果。当然我们看不到榕树的花，因为它把花隐藏在果实之中。那么又是谁来帮助它传授花粉呢？我们可以切开果实，利用放大镜来观看，看看谁在里头？你会发现榕果里头有很多细小得难以察觉的小蜂，这就是体型虽小，却大有名气的榕果小蜂。每种榕果都拥有它所专属的小蜂，榕果与小蜂彼此之间具有互相依存、密不可分的关系。从这里，我们多少能体会自然界生态的微妙，感知"一花一世界"的神奇，我们自然就会变得谦虚许多。

我们也可以尝尝榕果的滋味，绿的与红的有什么差别？像不像无花果？其实看外形就知道它们是兄弟啊！只是有大小之分罢了！也不要错过品尝嫩叶的滋味，做成色拉或氽烫都相当可口，东南亚的土著视它为佳肴，还在市场上出售呢！

果实成熟了，又有哪些动物会来用餐

大叶雀榕果成熟时，引来了各种野生动物，五
色鸟一天要来光临好多回。

台湾猕猴不只吃果子，也爱吃嫩叶。

呢？最常见的当然是各种鸟类，仔细观察有哪几种鸟会来吃榕果？多久来一次？它们可不是一天吃三餐哟！有可能七八餐，甚至十餐以上！松鼠也是常客，如果这棵雀榕生长在靠山又离人稍远的地方，说不定你还会看见猕猴也前来享用！

当然，天下没有白吃的午餐，食客唯一要做的事情就是替雀榕传播种子，这对食客而言，不过是举手之劳。当榕果下肚之后，种子未经消化而随粪便排出，只要排出地点远离母树，种子就有机会生根发芽。现在留意附近方圆百米之内，有没有小榕树苗，它可能在别种树的树干上，也可能在住家的屋顶或围墙上。看它在生长过程中，如何用气生根勒住它所借以立足的树木，迟早有一天，它会把这棵树勒死并取而代之。因此榕树类的植物是会谋杀别种树的杀手树，令人惊讶吧！

1.赤腹松鼠也是最不会缺席的食客。

2.红嘴黑鹎总在附近徘徊，跟白头翁一样。

侦察实例2

再注意看看雀榕底下的土壤，这里也住着不少依靠雀榕为生的昆虫。它们住在土壤里，如蝉的若虫、甲虫的幼虫——蛴螬，一到暮春，初夏就会爬出土壤羽化而出现在树干上。听听看有多少种不同的蝉声出现在榕树上，这是考验耳朵音感的时候。

再瞧瞧树干上攀木蜥蜴、石龙子、壁虎的活动，若是在夜晚，更能发现它们随性地趴附在枝条尾端睡觉，这样只要稍微有一点风吹草动，它们就可以赶紧逃命。夜晚也可以听见蛙类在树上鸣叫，找找它们，说不定还会发现前来觅食的蛇，那就更精彩了！如果运气好的话，还有可能亲眼目睹"金蝉脱壳"的过程！

只是一棵雀榕，竟可以观察到这么多可爱的生命，正所谓"一沙一世界，一花一天堂"，由一棵树我们便可以走入自然，看见自然。

1. 一株雀榕正在展开勒杀房东的行动。
2. 夜晚刚刚完成脱壳的蝉。

侦察
实例

4

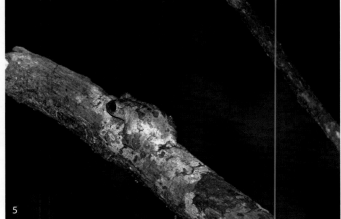

5

3. 褐树蛙白天就躲在树干上，晚上才活动。

4. 雨后的夏夜是中国树蟾现身的时候。

5. 艾氏树蛙白天就贴着树干，不容易发现它。

3

小溪谷的观察

小溪是雨水汇流的地方，只要没有受到污染，生态都很丰富。水中有许多种鱼虾、水生昆虫、蛙类，还有水鸟、水蛇也来此觅食，也生长着不同的水草。小溪两岸有乔木、灌木、藤蔓，以及众多的草本植物，它们都吸引着不同动物来到溪边栖息或觅食。

许多的淡水鱼虾，像虾虎、沼虾、过山虾、毛蟹、溪哥，常栖息在小溪里。石蚕蛾、水蚤、红娘华、蜉蝣，则是常见的水栖昆虫，乌龟、水蛇、白腹游蛇以及蛙类则是小溪里常住的两栖爬虫，小白鹭、池鹭、夜鹭、翠鸟最爱到小溪捉鱼。铅色水鸫、河乌、小剪尾则是较冷凉的中海拔小溪的常客。

溪岸边的乔木是许多鸟类歇息或筑巢的地方，也是攀木蜥蜴出没之处，灌木及草本植物则是草蜥及各种昆虫的家，这些植物循着季节依序绽放，也各自吸引着不同的蝴蝶及飞蛾来报到。如果在夜晚前来，小溪更有另一番热闹的景象，蟊斯的吵闹声、面天树蛙的急哨声、泽蛙的鼓噪，伴着潺潺溪水。萤火虫四处闪烁，野姜花的清香溢满夏夜，让你感受到夜晚小溪的无限活力。

要在这样的溪谷作自然观察，必须先审视地形、水流的深浅及流速，再注意植物的分布及大致的种类。例如，要观察水生昆虫、鱼虾、水生植物，那么你就得靠近水边，甚至要走进河床或水里；如果要观察水鸟，那就得用望远镜在沿河两岸缓缓行进搜寻。

河鸟（图1）、铅色水鸫（图2）、翠鸟（图3）是溪边最常见的鸟类。运气好的话，还有机会看到大冠鹫（图4）停歇在溪谷边的大树上。

1. 趁着黑夜天敌发现不了，蜻蜓悄悄地羽化。　2. 面天树蛙入夜出来觅食。　3. 乌龟在水里活动，白天依然会出来觅食。　4. 白腹游蛇在光天化日下现身。

Lesson9 荒野大侦察

灌丛野地的观察

只要不是在繁华都市中心，应该不难找到一小片灌丛野地来作为观察点，特别是在郊区。通常在这样的地方，乔木已被破坏、砍除，只有一些灌木和野草，自然观察也就变得容易多了。

来到这样的野地，首先，调查这里所有的植物种类。先把最显眼的、数量最多的找出来，不认识的就用相机拍下来，拍它的全株，拍它的叶片，最好能拍到花朵，这样一来，去请教他人或比对图鉴、资料也就容易多了。如此假以时日，就能识别出这片小野地里的大多数植物。

接着我们有可能看到新植物出现，观察并推测它们是如何来到野地的，是随小鸟的粪便凌空而下，或是乘着风飞过来的？还是沾黏在小动物身上或人的衣服上搭便车来的……

灌丛野地的生态相当丰富多样，同学们分组进入野地作自然观察，有的以植物为主，有的以昆虫为目标，有的以野鸟为对象。但大家都要学习欣赏、感受大自然的美丽以及生命力。

农人废耕之后，任由大自然经营自己。仅仅两年，它已经变成一片生态盎然的野地，不同的季节进入此地都会有不同的发现。

侦察实例

1

2

灌丛野地是野鸟的天堂乐园。静静地观察，你会发现有很多鸟类隐身其中！成群活动的斑纹鸟（图1）与大声高歌的灰头焦莺（图2）都是这里的常客。

别小看这样的荒地，只要你定期地观察它，你将
会发现许多美丽的生命蕴藏其中。

侦察实例

　　当然，栖息在这里的动物也需要调查。鸟类、蝴蝶等比较容易被发现，但昆虫就不然了，它们其中有的具有保护色，有的会拟态，所以并不易察觉。但是晚上就不同了，有着夜色的掩护，它们纷纷大胆地现身，或觅食，或求偶。看我们在这片野地里可以记录到多少种昆虫，并且比对不同季节里所发现的动物，在数量、种类上有何差别。如果次年到第三年野地仍在，利用长期记录来比较每年的不同，就能较完整地窥探这片野地的自然演递过程，也因此更了解自然的奥秘。

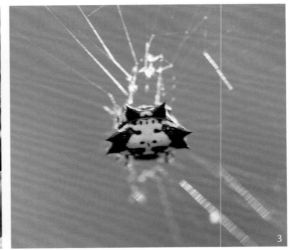

1. 红蛱蝶正在大花咸丰草上忘我地吸蜜。 2. 金黄蜻蜓总是飞飞停停，很容易被发现。

3. 猫脸蟹蛛体型虽小，但在枝叶间张网，所以还不难观察。

高山原野的观察

侦察实例5

台湾的高山林立，高山上的碎石坡、森林、草原、溪谷、小湖泊，都是值得作自然观察的地点，其中尤以草原野地及碎石坡最值得作自然观察。

高山的草原野地与碎石坡，都是没有大树的地方，自然观察较容易进行，这里以灌丛与草本植物最为精彩，我们可以从春天开始（海拔3000米的地方，春天通常是4月中旬才降临，海拔越高，春天来得越晚。有许多时候，在雪山近山顶阳光照射不到的谷地，5月初仍可见到余冰残雪），调查何种植物从土中冒出，什么时候新发嫩芽甚至吐出花苞，每隔一至两周来调查一次，我们会发觉有越来越多的植物出现，开花的植物也日益增多。

到了6月以后，我们可以用繁花遍地来形容，也许有很多不认识的植物，就当场查图鉴来认知，如果书上查不到，会画的人可以当场写生描绘，或用数码相机拍下，回去后再请教专家。制作一份图表来记录各种植物的花期，同时调查每一周里是哪一种野花当主角，哪一种野花鞠躬下台。

仔细找一找，右图里有哪几种植物？

1. 金黄色的小花是玉山佛甲草。
2. 玉山虎杖结果时呈火红色。
3. 玉山虎杖开花则呈米黄色。
4. 白色的花是白花香青。

当然，我们不只欣赏花形瓣色，也要嗅闻每一种花的味道，并注意有哪些昆虫来访花采蜜，有什么鸟来这里觅食。

8月以后，有些植物已经结实累累，像玉山虎杖、台湾百合、玉山悬钩子、玉山佛甲草等；有些则是才刚粉墨登场，绽放美丽的花朵，例如黄菀、高山乌头等。那些结了果实的，我们可以尝尝果实的滋味，例如茶藨子、悬钩子、玉山铺地蜈蚣等，并记录下它们的味道，可以作为往后登山野外求生的食物。10月降临，高山早晚气温已降至摄氏10度以下，许多植物也准备要过冬了，大部分的种子也已成熟，等到秋霜初降，草叶逐渐凋零，甚至地上的枝叶整丛枯干，仅留地下茎在土壤里冬眠以度过寒冬，像玉山虎杖、台湾百合等，只有少数几种有特殊御寒构造的植物，可以保全枝叶熬过霜雪，像玉山杜鹃就是这样的耐寒植物。

仔细地记录各种植物过冬的方式，是高山野地自然观察最后的小高潮，它让我们知晓植物如何配合季节的轮转而兴衰存亡，也让我们理解生命的奥妙！

仔细找一找，左图里有哪几种植物？

1. 红紫色的花是玉山石竹（有两处）。
2. 粉红、粉白色花是台湾野薄荷。
3. 黄色的花名叫一枝黄花。
4. 玉山虎杖。
5. 黄色小花是玉山毛莲菜。
6. 小白花是缬草。

侦察
实例

湿地的观察

为了农业灌溉的需要，台湾各地的池塘相当多，尤其是在桃园、新竹、苗栗的丘陵台地上。勤奋的客家族群两三百年来开挖了三四千座的池塘，但近年工商业的发达及大量进口几百万吨的小麦杂粮，迫使台地的农业弃耕，许多的池塘被填平，许多则荒废而变为沼泽湿地，因此意外地形成了自然生态非常丰富的地方。

我曾对桃园县龙潭台地上的一座水池进行自然观察，这座池子位于几户农家旁，是附近梯田水稻的灌溉池，池塘中饲养着草鱼、鲤鱼，以及顺着流水来到池塘的当地淡水鱼虾。当北部三号高速公路通车后，这座池塘就荒废了。池内长满了台湾特有的水生植物——台湾萍蓬草。当我第一次看见隐藏在土坡上防风林中的池子时，满池的金色水莲花（台湾萍蓬草的俗名）正绽放着台湾荒野的美丽！真的只能用惊艳来形容。从那天起，我对这座池塘进行了几个月的自然观察，从水生植物到岸上的草木，从水生昆虫到在池子四周活动的昆虫，以及夜里活跃的蛙类，还有来到池边觅食及在岸边树上栖息的鸟类。

在这里我不想列举那一长串我所记录到的各种生物的名字，我以照片与读者分享那池塘精彩的丰美生态，赞叹这一座小小水池所蕴藏的丰富生命与美丽。因此下次可千万不要错过与一座废池或一片荒地的美丽邂逅！

1. 台湾萍蓬草被公认为世界上最美丽的萍蓬草之一，可惜现在已濒临绝种。

2. 野慈姑是湿地边常见的可爱野花。

这是由一群水牛打滚弄出来的一个小小泥池：许多水生植物就随水牛移植过来。这个池塘里的水生植物有：1. 小苦菜；2. 谷精草；3. 萤蔺；4. 睡莲；5. 鸭舌草。

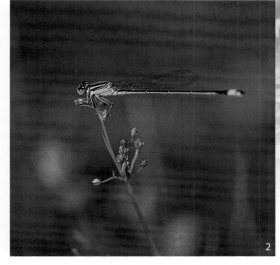

1. 躲在水底的红娘华。 2. 停在水边植物上的豆娘。

3. 柴棺龟跋涉过草地到小泥池觅食。

4. 藏身水底的蜻蜓幼虫——水虿。

5. 在浮水植物的叶片上狩猎的蜘蛛。

6. 史丹吉氏小雨蛙的蝌蚪贴着水面浮游。

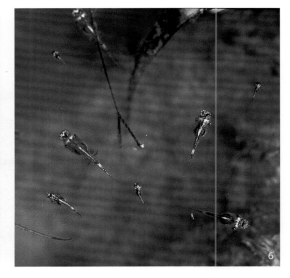

侦察
实例

1. 薄翅黄蜓栖停在水毛花上。

2. 田字草是水生蕨类植物。

3. 黄昏时的水毛花，有一种特殊的幽美神秘。

4. 沉水性的水生植物有时需要下水才能了解它们。

侦探速成教室
Lesson 10
夜间大搜索

夜间大搜索——夜间观察

许多人以为生物也和人们一样，在夜晚阖眼安眠停止活动，殊不知，大自然中有很多生物的作息时间刚好与人类相反，它们白天休憩，薄暮时醒来，日落后准备就绪，接着才开始夜间活动。事实上，在夜间活动的夜行性动物，不但数量多，种类也不少。

哺乳类中的啮齿类（鼠类）大多是夜行性的动物，猫科动物也是以夜晚活动为主，蝙蝠更是严守夜行的哺乳类，其他如野兔、穿山甲、白鼻心、鼬獾……也都是在夜间出没的动物。

鸟类大多都在白昼活动，但也有少数几种是在夜晚活动，其中最著名的当然就是猫头鹰，它们生就一双大眼，在黑夜拥有敏锐的视力，方便它们捕食猎物。夜鹭也是著名的夜行水鸟，常于晚上守在水边捕食鱼儿，或是站在鱼池边偷吃珍贵的鱼苗，让养鱼的人防不胜防。

1. 天色刚昏黑，大赤鼯鼠就迫不及待地从树洞中出来，口中还不时发出"啾——"的声音。这也是我们以耳朵就能侦悉它们在哪棵树上活动的原因。
2. 夜晚，小鸟把头埋藏在羽翼下，竖起羽毛睡大觉。因为羽毛蓬松，它看起来比白天大很多。
3. 凤头苍鹰站在枝头过夜，白天凶猛、机警、迅捷的鹰，在夜晚也变得无助。

除了眼镜蛇出没时间不固定外，其余都是在夜间活动。

夏夜是褐树蛙结婚的良辰吉时，平常它们的体色有如落叶或树皮，但结婚时，新郎穿上金黄或橘色礼服，新娘则穿上褐红条纹的婚纱。

蛙类全族都是夜猫子，白天躲起来睡觉，日落后开始鸣叫或外出觅食。蜥蜴类除了壁虎之外皆为日行性，像攀木蜥蜴、草蜥等都在白天活动。壁虎则在夜晚出来捕食，因此它们有一对可以夜视的大眼睛。

1. 只有借着夜色掩护，你才能如此靠近蛙类。

2. 夜间活动的壁虎(守宫)，喜欢在路灯下守株待兔。

3. 抱着小枝睡觉的黄口攀蜥。

4. 只有在夜晚，我们才能找到翡翠树蛙或其他蛙类。

5. 蜥蜴睡着时，眼睛是闭上的。

6. 正在呼呼大睡的乌龟，因为我的靠近而惊醒。

台湾的蛇类中，大型蛇大多为日行性，像过山刀、南蛇、锦蛇……都在白天出没，但毒蛇则以夜行性居多，像雨伞节、赤尾青竹丝、龟壳花、百步蛇等，都是在夜晚活动的蛇类。

1. 轻巧地接近睡眠中的蛇，不要用手电筒照它的眼睛，以免惊醒它。

2. 盘成一堆在树蕨的枝叶处睡眠的青蛇。

3. 蛇睡眠时张着眼睛，因为它没有眼睑，所以容易被灯光惊醒。

4. 钝头蛇在夜晚活动，只要灯光照到它，它就不断地吐出舌头，想嗅出是谁来了。

草花蛇正在吞食拉都希氏赤蛙。

Lesson10 夜间大搜索

昆虫也以夜行者居多，像螽斯、竹节虫、蟋蟀，以及大部分的蛾类都在夜晚活动，即使白天活动的蝉、蝴蝶，它们羽化时也都选择在夜间进行。

1. 大部分的蛾类在夜晚活动。
2. 螽斯趁着暗夜天敌睡眠时羽化。
3. 魔目夜蛾白天躲在阴暗处，天黑后才出来进食。
4. 黄蝶在夜晚静静安睡，这时我们才能靠近欣赏它。
5. 大绿蟀蝶的幼虫只有在夜晚才会从它的卷叶中出来，找片叶子再卷一个新窝。

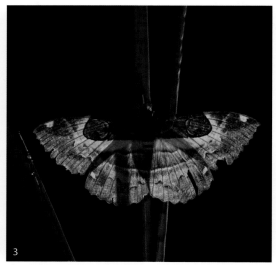

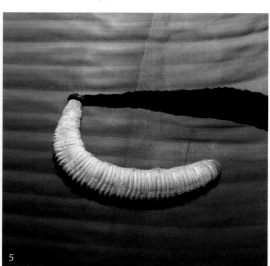

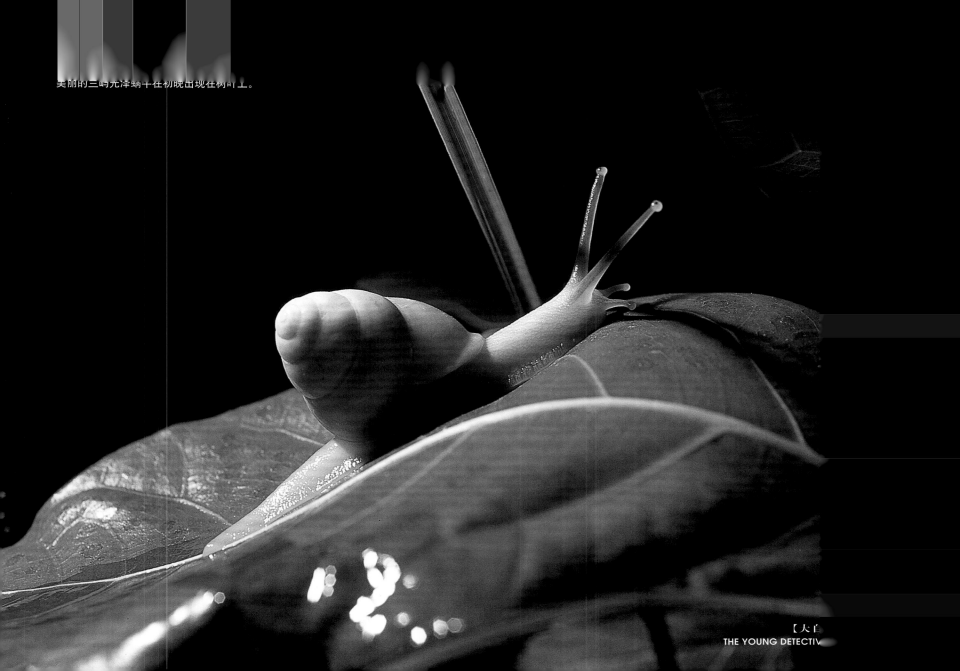

美丽的三峡尤泽蜗牛在初晚出现在树叶上。

植物看起来是不太分日行或夜行，不过仔细观察还是可以发现有许多植物的生理与日夜相配合，例如豆科植物中的合欢类以及含羞草，日落后会把叶片阖起来。

有些植物则选在夜间开花，表示这些植物是依靠夜行动物来传授花粉的，像棋盘脚、穗花棋盘脚、山菜豆等。在黄昏后花苞逐渐胀裂绽开，然后夜行的蛾或蝙蝠会来采蜜或撷取花粉，天亮前，花朵就纷纷坠落地面，因此在白天就只能看见满地落花。

球兰是木质藤本植物，在初夏开出美丽花朵。白天没有任何昆虫来帮它传花授粉，到了夜晚，我们却发现花朵上门庭若市，众多的蛾正在享用流水席般的盛宴。

1. 棋盘脚是热带海岸林的大乔木，花朵只在入夜后开放。

2. 山菜豆也只在夜间绽放，天亮前花就谢落，只有夜间观察者才能够看到它美丽的容颜。

3. 穗花棋盘脚在夏夜盛开，有如张灯结彩。

原来，白天花朵虽在，但并不分泌花蜜，而夜晚花粉囊熟裂，柱头外露，花蜜也随即提供给前来做媒的昆虫作为回报。

人类为日行动物，我们的眼睛不适于夜晚观看，所以手电筒或探照灯是夜间观察必备的工具。近年科技快速进步，冷光灯让夜间观察变得更为方便。此外，用心倾听可以让我们感知视力、灯光不及之处的动态，例如，我们可以分辨出正在草丛或沼泽边鸣叫的是什么蛙，若我们够轻巧机警，还可以潜行靠近，看到它鼓胀鸣囊的可爱模样。又或者我们有机会看见金蝉脱壳、螽斯羽化的神奇时刻，甚至看见小鸟、蜥蜴、蛇睡觉的情形。如果在夜路上与野兔、白鼻心巧遇，那更是会让我们兴奋一整晚，并在我们人生中写下一段精彩的自然邂逅。

球兰的花朵在白天及夜晚看来大同小异，但它只有在晚上才释放气味、分泌花蜜，以吸引蛾来帮它传花授粉。

【后　记】

曾有从事社会福利的工作人员对我说：

"你只关心植物动物，不关心人，你不是人道主义者！"

当然这些人都是非常优秀、有能力的人，

但从他对我说的话之中，透露出他对大自然、对保护生态环境的意义全然不了解。

人类的生存全依循着大自然，如果大自然被破坏，

人类怎能生活得好？生态环境被污染、被摧残，未来的人类也一定跟着受害。

所以，保护大自然其实就是保护现代人类以及未来人类，这是一种深层的人道主义。

一个人能关怀弱势者是人道主义者，向呼救者伸出援手是慈善家，

而能为哀哀无告的动植物拔刀相助，那是具有侠客胸怀的智者。

前者乐在把求救声变成感谢声，而后者默默扛起先知先觉者的责任，

那是人类最高贵的品质。

其实，关怀别人或者众生，

最后都丰富了自己的人生，也让自己的生命精彩发光。

但是，关怀者需要了解才知道如何关怀，也需要热情才会行动，

更需要知识与智慧才知道如何做最有效的行动。

这本书就是专为想进入自然、认识自然的人设计的有趣入门课程，

不止寓教于乐，也让小朋友领略生命的奥妙，并学习尊重生命。

这样，他（她）日后必能成为一位深层的人道主义者。

大自然
小侦探

THE YOUNG DETECTIVE OF NATURE

图书在版编目（CIP）数据

大自然小侦探 / 徐仁修撰文、摄影. — 北京：北京大学出版社, 2014.2（2020.7重印）

（徐仁修荒野游踪·寻找大自然的秘密）

ISBN 978-7-301-23542-3

Ⅰ.①大…　Ⅱ.①徐…　Ⅲ.①自然科学—青年读物②自然科学—少年读物　Ⅳ.①N49

中国版本图书馆CIP数据核字（2013）第288121号

书　　　　名：大自然小侦探

著作责任者：徐仁修　撰文·摄影

丛 书 策 划：周雁翎　周志刚

责 任 编 辑：周志刚

美 术 设 计：黄一峰

标 准 书 号：ISBN 978-7-301-23542-3/N·0059

出 版 发 行：北京大学出版社

地　　　　址：北京市海淀区成府路205号　100871

网　　　　站：http://www.pup.cn　新浪官方微博：@北京大学出版社

电 子 信 箱：zyl@pup.pku.edu.cn

电　　　　话：邮购部 62752015　发行部 62750672　编辑部 62753056　出版部 62754962

印 刷 者：北京天恒嘉业印刷有限公司

经 销 者：新华书店

　　　　　　787毫米1092毫米　16开本　12印张　153千字

　　　　　　2014年2月第1版　2020年7月第4次印刷

定　　　　价：59.00 元